好奇心书系

Dragonflies and Damselflies

蜻蜓与豆娘

金洪光 著

重庆大学出版社

图书在版编目（CIP）数据

蜻蜓与豆娘 / 金洪光著. -- 重庆：重庆大学出版社，2022.1
（好奇心书系）
ISBN 978-7-5689-2710-9

Ⅰ. ①蜻… Ⅱ. ①金… Ⅲ. ①蜻蜓目—青少年读物
Ⅳ.①Q969.22-49

中国版本图书馆CIP数据核字(2021)第091098号

好奇心书系

蜻蜓与豆娘
QINGTING YU DOUNIANG

金洪光 著

策　　划：鹿角文化工作室
责任编辑：袁文华　版式设计：周 娟 刘 玲 何欢欢
责任校对：刘志刚　责任印刷：赵 晟

*

重庆大学出版社出版发行
出版人：饶帮华
社址：重庆市沙坪坝区大学城西路21号
邮编：401331
电话：(023) 88617190　88617185（中小学）
传真：(023) 88617186　88617166
网址：http://www.cqup.com.cn
邮箱：fxk@cqup.com.cn（营销中心）
全国新华书店经销
重庆市联谊印务有限公司印刷

*

开本：787mm×1092mm　1/16　印张：14　字数：170千
2022年1月第1版　　2022年1月第1次印刷
印数：1—4 000
ISBN 978-7-5689-2710-9　定价：68.00元

前 言

　　蜻蜓在地球上生存了几亿年，进化至今基本外观形态未变（有化石为证），可见其生存能力超强。虽说蜻蜓与恐龙齐名，恐龙却早已灭绝，消失得无影无踪，而蜻蜓依然生机勃勃地活跃在当今地球生物的大舞台上。其实就物种而言，蜻蜓比恐龙更加古老。蜻蜓见证了地球沧海桑田的巨变，经历了数次生物大灭绝，依旧保持基本原始状态，不能不说它们是一个生命进化、演化的奇迹！蜻蜓如何躲过了历史上多次毁灭性的大灾大难，确实值得探讨与研究。

　　蜻蜓栖息在大陆或岛屿上的溪流、湖泊、湿地、水塘附近，除了两极极寒地区外，几乎到处都能见到它们的身影。据记载，全世界的蜻蜓有 6000 多种。最大的十几厘米，最小的十几毫米，最美的常常栖息在深山老林里的溪流附近，亲眼看见更会为之震撼。蜻蜓的"前世"生活在水下、"今生"羽化飞行在空中，它们的一生大部分时间在水中度过（幼期的蜻蜓称作水虿），有的种类羽化成成虫需要个把月，有的则需好几年，大部分蜻蜓羽化后最重要的使命是交尾、产卵，随后它们的生命周期即将结束。蜻蜓的种类千差万别，但生命轨迹却大同小异。目前我国有 20 多科 170 多属 800 多种蜻蜓，而且每年都有新记录种被发现，粗灰蜻 *Orthetrum cancellatum* (Linnaeus, 1758)、未知扩腹春蜓 *Stylurus* sp.、蓝绿丝螅 *Lestes temporalis* Selys, 1883 就是笔者首先发现并拍摄记录到的生态记录。遗憾的是，当今少有蜻蜓彩图，图文并茂的文献寥寥无几，大多数蜻蜓仅仅是文字的记录，有的描述还不尽如人意，比方有些蜻蜓五彩斑斓，同一种属就有不同色型，时段不同颜色也有很大变化，用文字无法把某一种类的蜻蜓描述清楚。若每个种属下都配有彩图该有多好！

虽然蜻蜓点水家喻户晓，大绿豆、黄毛子、红辣椒、蚂螂、豆娘（不同地域叫法也不同）对于多数成年人来说也印象深刻，甚至是小时候经常扑捉的对象，但若问起其通用的学名、分布、习性以及稚虫等，却很少有人知晓。

人类从古到今常与蜻蜓相依相伴，两千多年前的《吕氏春秋》《战国策》就有了关于蜻蜓的记载，千百年来文人墨客对蜻蜓的描述不胜枚举。唐代诗人刘禹锡在《和乐天春词》中写道："新妆宜面下朱楼，深锁春光一院愁。行到中庭数花朵，蜻蜓飞上玉搔头。"宋代诗人杨万里也以蜻蜓为题作诗《小池》："泉眼无声惜细流，树阴照水爱晴柔。小荷才露尖尖角，早有蜻蜓立上头。"尽管如此，古人并没有对蜻蜓进行深入细致研究，到了近代，我国对蜻蜓的研究起步较晚，有关蜻蜓的科普读物少之又少。真诚希望今后能有更多的人喜欢蜻蜓、研究蜻蜓，把蜻蜓之美充分展现出来，共同揭示更多的蜻蜓奥秘。

有些蜻蜓有迁徙习性，黄蜻、皇伟蜓不但能跋山涉水，还能横跨大洋；碧伟蜓、闪蓝丽大伪蜻、黄基赤蜻、黑暗色蟌等，北起黑龙江南至两广云南，甚至海南都能见到它们的身影。那么，它们究竟是如何迁徙的呢？又是如何适应热带高温或寒带冰天雪地的呢？既然蜻蜓有能力迁徙，为什么有的蜻蜓是北方独有种，去南方热带地区生活岂不更好？哪些蜻蜓不迁徙？迁徙是为了食物生存还是繁育后代？在野外观察蜻蜓交尾的时候，发现一些蜻蜓的翅已经残破不堪，应该是异地长途飞行所致；另一些蜻蜓的翅新鲜、纹脉清晰，显然是当地羽化成熟的，那么它们是羽化完先产卵后迁徙还是反过来？有的种属（凶猛春蜓、红蜻、红眼蟌等）只是孤家寡人一属一种；有的（裂唇蜓、赤蜻、黄蟌等）却是大家族人丁兴旺，属内有十几种甚至几十种之多。同属不同种的蜻蜓之间存在杂交现象，杂交后产下的卵能否孵化，孵化又会是什么样子，像爸爸还是像妈妈还是都不像？有的种类间只存在微小差异，人的肉眼很难辨认，它们是如何准确无误择偶的，是靠敏锐的视觉还是化学气味呢？有的种类种群极其稀少，偶然才能见到一只，它们选择配偶岂不更加困难？它们延续种群生存至今的关键是什么呢？……希望有一天，这些谜团都能一一解开。

　　蜻蜓是美丽、凶悍的昆虫之一，身居昆虫生物链的上端，是大自然生物链中重要的一环。蜻蜓五颜六色、婀娜多姿，令人陶醉。

目录
Contents

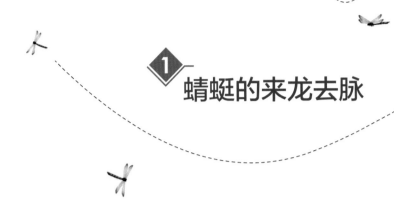

1　蜻蜓的来龙去脉

蜻蜓属于昆虫纲蜻蜓目，为半变态昆虫，有六足四翅，会飞，后半生生活在陆地上，也是生命中短暂的最后一段旅程。它们产下的卵绝大多数在水中孵化成水虿，前大半生过水生生活，因此一生大部分时光都要在水中度过。

我们按照蜻、蜓、螅这个顺序来说一说蜻蜓的来龙去脉。

说说蜻

蜻、蜓、螅是蜻蜓分类中的三个大类别：蜻与蜓都是差翅亚目（前翅窄，后翅宽），螅是均翅亚目（前后翅大小宽窄几乎一样）。蜻与蜓之间的主要区别在翅脉上，网状的翅脉有个地方叫三角室，前后翅的三角室形状完全不一样的叫蜻，一模一样的或近似一样的叫蜓。

黄蜻的一生

　　黄蜻，学名 *Pantala flavescens*（Fabricius，1798），昆虫纲—蜻蜓目—差翅亚目—蜻总科—蜻科—黄蜻属，身体长度约 50 毫米，雌雄同色。提起黄蜻，可以说无人不知无人不晓，但大都一知半解。

　　黄蜻生命力极强，是生物进化最成功的典范，也是蜻蜓家族最具优势的物种，数量庞大，举世无双。在中国由北至南都能见到它们大规模聚群飞行或降落，这是蜻蜓中少有的现象。盛夏 7 月，从黑龙江到海南，从广袤的乡村到城镇，几乎都能见到刚刚羽化的未成熟黄蜻漫天飞舞觅食或成群结队朝着一个方向迁徙，到了傍晚，黄蜻在密密麻麻落满隐蔽的树丛枝条、草丛中休息。黄蜻的后翅宽大，飞行能力极强，休息时喜欢吊落枝下，从来不会降落在枝头尖上。

左：东北的黄蜻聚群密密麻麻降落

右：海南的雌性成熟黄蜻吊落干枝休息

左上：即将成熟的雄性身体颜色变深　　右上：即将成熟的雄性背面

左下：成熟的雄性整个身体变红　　　　右下：成熟的雄性侧面

黄蜻雌性、雄性外观很难分辨，只有在交尾期，雄性腹部背板变得更红，身体颜色更深，雌性略浅但腹部下方产生类似灰白粉霜状物质，只有在特定角度仔细观察腹下 1—2

蜻蜓的来龙去脉

003 PAGE

节的交合器才能辨别，或者看肛附器，雄性上2、下1肛附
器合并在一起似1个，雌性则只有较短2个。

左上：未熟雄性与雌性外观几乎一样　　　右上：未熟雄性侧面
左下：未熟雌性背面　　　　　　　　　　右下：成熟雌性侧面

未熟黄蜻雌雄混杂，在一起群飞或吊落在树丛的干枝下

　　发育成熟的黄蜻雌性会与雄性分开，在隐蔽草丛或树丛枝条上并排吊落，休息观察，等待时机成熟各自飞走，寻找雄性伴侣交尾；发育成熟的黄蜻雄性会单独吊落，或在某一草丛、树丛区域上空几十平方米的范围内不停巡飞或悬停以划定领地，一边觅食一边驱赶其他雄性，并等待雌性的到来。

成熟黄蜻巡飞划定领地，一边觅食一边驱赶其他雄性

空中交尾不降落直至受精完毕，大约需要 5 分钟

　　黄蜻在东北的交尾期多发生在 7 月，在海南到 11 月还在交尾产卵，这时交尾或连接飞行的黄蜻几乎随处可见。交尾时间 5 分钟左右，然后打开，连接飞行点水产卵。有时会被其他雄性干扰冲散，雌性就单独产卵，然后再次与其他雄性交尾。黄蜻产卵很特别，雨过天晴，只要有水的地方就有可能见到它们产卵，甚至还会到轿车的顶棚盖

上点来点去，原来是因为车体反光，黄蜻误认为那就是水。黄蜻产卵方式是典型的蜻蜓点水，频率不同，每次产卵一到多枚不等。

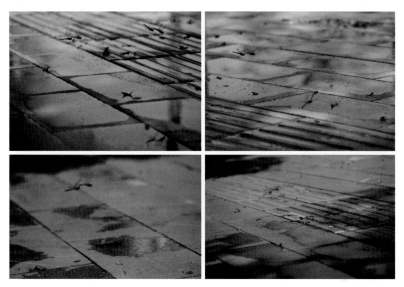

上：雨过天晴，黄蜻在人行道有积水的地方产卵，经常是多对争先恐后产卵
下：完全干涸的路面，照产不误

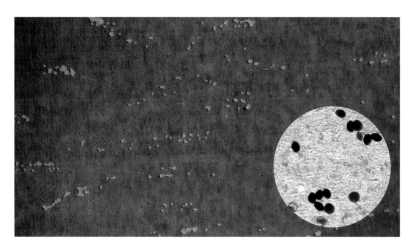

新鲜受精卵十分微小，单枚卵直径长度不足 1 毫米；有的水蚤即将破壳，隐约可见

黄蜻的卵没有水是不能孵化的，干涸的卵过一段时间遇水也能继续孵化。蜻蜓的稚虫水虿必须在水中生存。据说，黄蜻的卵从孵化到羽化仅需要 35 天。笔者带着好奇心，在海南把黄蜻的卵带回室内开始饲养观察，一探究竟，结果孵化后 150 天羽化。把黄蜻产下的一些卵投入水中，在气温 30 ℃左右条件下（海南的自然气温），一些卵第 2 天开始逐渐裂壳孵化，开始是灰白色，然后变成一团团透明体似乎在旋转，肉眼很难看清。并非所有投入水中的卵都同时孵化，而是每天都有新生命出现，这种情形大约要持续 12 天。

　　刚刚孵化的稚虫十分微小，身体长度接近 1 毫米，伴随每次蜕皮，要增长约 1 毫米，到了 7 龄以后生长速度加快，每次增长约 2 毫米。

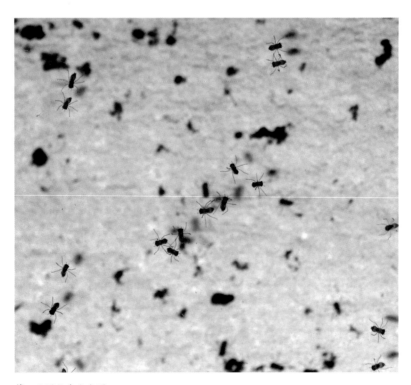

第 3 天孵化出小水虿

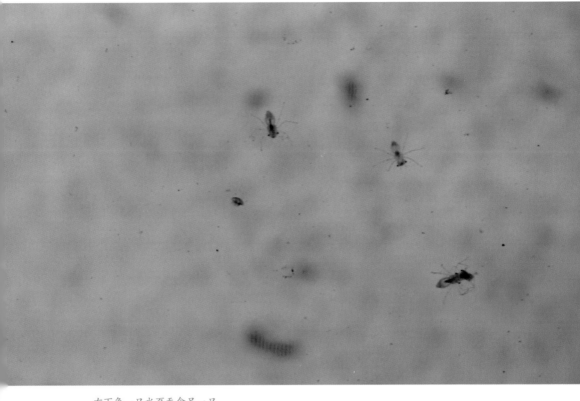

右下角一只水虿吞食另一只

稚虫生长对水质要求不苛刻：在9厘米×19厘米的小盒子内，加入约30毫米深的水，水少了就添加，在非常浑浊的环境中，它们居然生存了整整5个月；只吃活物不挑食，它们互相吞食，只要是不比自己身体大的水中活物一概通吃，在水面漂浮移动的蚊、蝇、蛾、蜘蛛等照吃不误。另外，实验证明干涸的卵1个月后浸泡到水中也可孵化。黄蜻到处产卵，有些随风而去遇水皆可孵化，条件允许即可成长直至羽化。

由于水中微生物不能满足它们的温饱，食物匮乏时，兄弟姐妹间的生存之战便打响，数不清的稚虫会日益减少。

稚虫出生后约 4 天开始蜕皮，以后每隔约 5 天蜕皮 1 次，直至第 5 次；然后还要经过约 5 次蜕皮，间隔天数不确定，直至羽化。

稚虫渐渐长大食量剧增

稚虫在浑浊的水里继续生存

此前由于体量太小，靠捕食微生物为生，所以生长缓慢，渐渐兄弟姐妹间互相蚕食，最先孵化的因捕食小弟妹而生长速度加快，一个容器里的几十只 1 周后只剩 1 只。

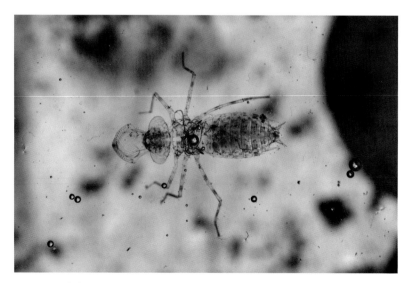
蜕皮剩下的空壳蜕

蜕皮开始，后背变白隆起裂开，头背部首先出来，待身体几乎全部出来，最后摇摆身
躯脱下外衣蜕，蜕皮成功

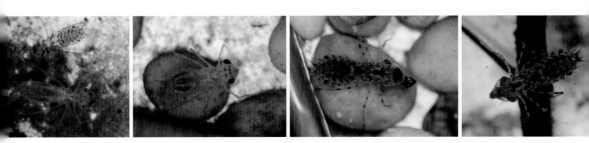

刚刚出来身体颜色很浅，也很虚弱，这时极易遭到捕食者的攻击而丧命，第2天颜色
由浅入深，食量大增

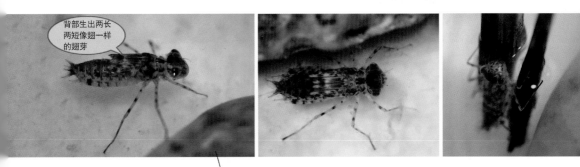

背部生出两长
两短像翅一样
的翅芽

进入末龄期，翅芽变大变厚，即将出水羽化，做出水的准备，练习爬杆，探出水面观
察动静

　　从蜕皮剩下的空壳蜕可以清楚看见，平时贴在面部的面具脱落，
它像合拢的两只网状手，捕食时瞬间弹出，张开合拢捕捉食物，任
何被捕到的猎物很难逃脱。蜻蜓稚虫的这一生理结构非常特殊，与
其他任何昆虫都不一样。

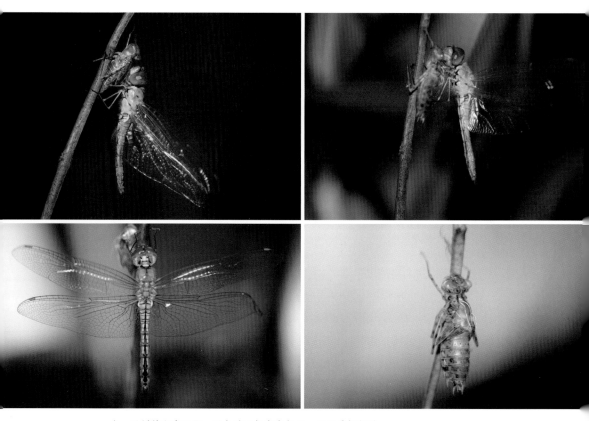

上：沿树枝爬出羽化，闭合的四翅渐渐打开，开始展翅颤动

左下：右后翅端有残疾

右下：翅全部展开后不断振动，最后飞离，剩下空壳

　　水中除有一些小石子和十树枝外，其他全是粪便或绿青苔以及吃剩下的食物混合物，在水质十分浑浊的水环境中，这只水虿居然能生存4个多月，说明黄蜻稚虫对水质毫不挑剔。但并非所有蜻蜓水虿都是如此。黄蜻群体之大，在蜻蜓家族中是无与伦比的，这与其能够在各种恶劣环境下生存下来不无关系。

　　这只水虿羽化前10天开始绝食，进入末龄期，背部翅芽明显变大增厚，头变红，体长增至大约20毫米。绝食期间，在水底几乎一动不动，偶尔攀爬枝条后又回到原处。孵化后的第150天上午，不经意间，水虿已经沿着枝条爬出水面羽化了，留下了它的外衣蜕。

黄蜻就这样周而复始地进行着自己的生命历程。迄今为止，黄蜻还有许多不解之谜等待昆虫学家去破解，相信随着学科的发展，终有一天都会一一解开。

虎斑毛伪蜻的一生

虎斑毛伪蜻，学名*Epitheca bimaculata* Charpentir，1825，昆虫纲—蜻蜓目—差翅亚目—蜻总科—伪蜻科—毛伪蜻属，身体长度约58毫米，雌雄同色，雄性颜色略深。

虎斑毛伪蜻是北方最早出水羽化的常见蜻蜓（5月中下旬开始），羽化后1～2周成熟，此后便开始寻偶、交尾、产卵。该种飞行期较短，到了7月下旬基本销声匿迹了。

雌性虎斑毛伪蜻产卵与众不同，交尾后的雌性单独飞到隐蔽处吊落，像大便一样一股脑把所有的卵排出体外，腹末端最后两节高高翘起，下面就黏着排出的一大团卵，打开卵就像长长的一挂鞭炮，

交尾成功飞到密林深处躲藏

它们的黏附力很强，互相黏在一起。卵全部排出后，雌性飞到水面，找到有水草的地方只点一下，几千枚卵就牢牢地黏在水草上，巡视一周后就高高飞起离去。12天后，半数卵能够孵化出稚虫水虿，它们不足1毫米，小到肉眼几乎看不到，经过多次蜕皮，1个月后水虿长到约5毫米。在这之前，它们身体幼小很容易遭到捕食类攻击，加上互相残杀，此刻剩下不到半数。而后经过整个夏秋两季的生死考验，优胜劣汰，最强者躲过强敌攻击，餐食弱旅存活下来。只要小于自身的水生生物，它们一概通吃，到了秋冬交替季节，它们已经膘肥体壮，进入次末龄或末龄。冬季来临，它们藏身于冰层下水底的石头、草茎或淤泥下，一动不动进入冬眠期，等待来年春季羽化，其中有些次末龄水虿还要在水中再生活一年。水虿发育成熟后，清晨爬出水面，大多数来到距离水边十几米远的树枝、树干、草茎甚至围墙上开始羽化。羽化前，水虿身体内部收缩与外壳剥离，然后再膨胀，背部隆起胀出再带出头，倒仰身体，反身再抽出剩余尾端，然后渐渐伸展长大。羽化过程需2个多小时，待羽翼丰满安全打开后，缓缓飞离，寻找更安全的草丛或树丛藏身。岸边草丛中时常能见到它们羽化离去后剩下的蜕。

在草丛、树丛等隐蔽处排卵

排出一大团卵

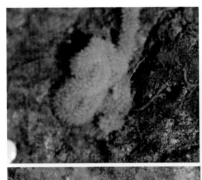

左：刚刚产下的一团卵，足有
2000 多枚

右：卵与水草、青苔杂物完美
结合在一起，能够防止其
他鱼类吞食

　　它们从孵化、成长、羽化到成熟，是一个相对艰难的过程。
要变成美丽蜻蜓的最后一关，还有一道高高的门槛：很多蜻蜓蜷
缩的翅打不开；有的打开了，被春天的大风一吹折断了；还有的生
来翅就有残疾。蜻蜓靠飞行捕食，它们的翅一旦出了问题就意味着
无法飞行捕食，会被活活饿死，生命到此终结。此外，刚羽化时，
羽翼未丰，飞行缓慢，非常容易被成熟同类或鸟类捕食，遍地蜘蛛
网也对它们构成致命威胁。也许，这就是大自然生物链互相制约的
体现吧。

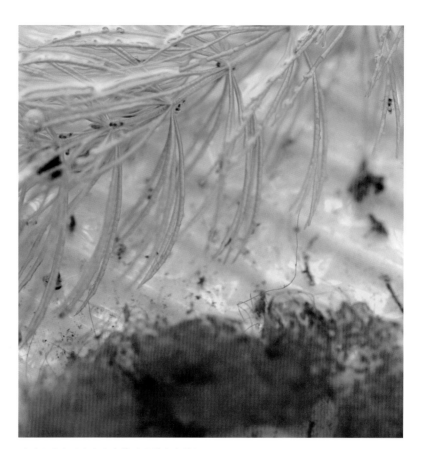

刚孵化的水蚤密密麻麻攀附隐藏在水草间

　　虎斑毛伪蜻雄性(多于雌性)羽化成熟后便开始在水边来回巡飞,建立领地等待配偶。它们的领地区域有几十米长的水边,领地意识很强而且十分凶悍,擅闯领地者无论大小蜻蜓一律被赶跑。一旦雄性发现雌性踪迹,便立刻冲上去夹住雌性后头,交尾成功便一起狂飞,消失在密林或草丛深处,难觅踪影。

　　虎斑毛伪蜻交尾时间在1小时左右,然后打开,雌性寻找隐蔽水域独自产卵。

蜻蜓产卵有两种方式，有雌雄连接产卵，也有雌性单独产卵。虎斑毛伪蜻就是雌性单独产卵，方式很奇特，难得一见。

孵化后，幼小的水虿蠢蠢欲动。刚孵化出的稚虫十分幼小，不经意是看不见的，比最小的蚂蚁还小很多，只有使用放大镜才能发现它们攀附在水草间蠕动，但此刻就能吃大量微生物（只要能吃得下），大自然弱肉强食的规律在水虿中得到最完美的体现。

小水虿们很贪吃，见活物就吃，不管是不是同类（在一个容器养10只水虿，2~3天后仅仅有1~2只存活下来），它们食量大，生长迅速，1个月后身体增大5倍甚至10倍。最终，能够存活下来的都是强者。

左：放大看像小蚂蚁一样
右：10周后，每当蜕壳时身体变黑

水虿食量大，生长很快，到了秋季就膘肥体壮要度过漫长的冬季了。北方的冬季冰冻三尺，有的水塘会被冻实，水虿也会被冻死，只有钻到淤泥底下的才能逃过一劫。

　　第2年5月，进入末龄期后背部已长出4片较大翅芽，它们即将准备告别一年的水下生活，开始一生中最重要的转折。

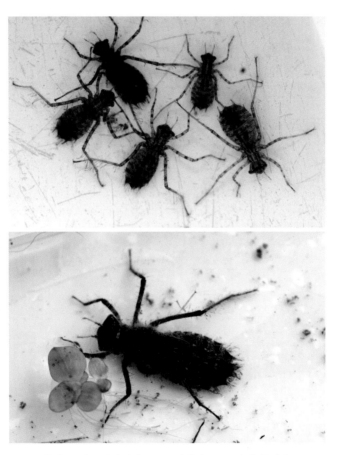

上：20多周后，水虿们都长大了，虽然大小不一，但都很健康
下：末龄绝食阶段，即将爬出水面

东北的 5 月中下旬春暖花开，但此刻的天气还很凉，且风又大，虎斑毛伪蜻就在这种环境下开始离开水面大批量羽化，笔者在野外拍摄到了这一过程。

某年 5 月 26 日上午 8:10 时，小家伙刚从水虿壳里出来抱住躯壳，是一只雌性，羽化过程就此拉开序幕，持续两个多小时。

10:15 时许，开始羽化的两个小时后，这只雌性虎斑毛伪蜻羽化完全成功，身体像老虎一样的黑黄相间条纹由浅入深变化，同时伴随不断拍打颤动翅膀，最后腾空而起飞离草丛。虽然会飞了，但这时它们的身体依然柔软虚弱，必须躲藏在更加安全的僻静处。

左上：刚刚抽出整个腹部
左下：约 20 分钟，翅发育完成

中上：全身渐渐舒展开
中下：随后腹发育约 30 分钟，这时翅还合在一起便慢慢抖动

右上：翅首先发育，舒展比较快
右下：最后 4 翅张开，继续不停抖动

十多天后，左图为发育成熟的雌性，右图为发育成熟的雄性

上：图中 3 只未选好遮风挡雨的地点羽化，被春天的风刮得东倒西歪

左下：翅扭曲打不开

右下：有一翅打不开

可怜的小家伙刚刚羽化，翅却永远打不开，另一只后翅扭曲也将无法飞行，后果十分严重。这些羽化失败的惨象十分常见。

完美羽化，却丢了性命　　　　　　　　　　羽化后离去剩下的水虿外壳蜕

　　羽化成功也不意味就能飞上蓝天，因为就算有些羽化成功身体完好无损，但还是生存无望。

　　脱颖而出的幸运儿展翅翱翔在碧水蓝天，进入生命旅行最后一站。

　　雄性成熟开始求偶，它们在水边不知疲倦地来回巡飞，同时又做出各种各样的飞行动作，表演空中特技，这是与生俱来的飞行绝技，空中悬停、倒飞、垂直升降、180° 大回转全都不在话下。为了求偶，雄性施展浑身解数吸引雌性。一旦有雌性进入领地，它们便不顾一切冲上去与之交尾，然后一起狂飞进入远处的密林深处。1 小时后交尾结束，会见到雌性虎斑毛伪蜻排卵，而雄性则扬长而去。

　　6 月是交尾产卵的鼎盛期，交尾、产卵后的虎斑毛伪蜻便离开水域不知所踪。

上：成熟后的雄性开始在水边巡飞，建立领地，等待配偶
下：施展各种飞行绝技占据领地，成熟期间一直巡飞，大约半小时休息一次

说说蜓

琉璃蜓稚虫羽化及生命过程

　　琉璃蜓，学名 *Aeshna nigroflava* Martin,1908，差翅亚目—蜓总科—蜓科—蜓属，身长 80 ~ 90 毫米，雌雄异色或同色，刚羽化时身体白褐色相间，成熟后蓝绿褐色相间。成熟雌性绿褐色相间，外观与混合蜓相近，但体长相差约 20 毫米，体斑也有区别。琉璃蜓在眼前飞过时让人有硕大无比的感觉，是东北地区最大的蜻蜓种类之一。

蜓科水虿正反观察长相怪异

琉璃蜓喜欢在山区或半山区水塘附近繁衍生息。雌性单独产卵，通过腹末端的一个钩刺状产卵器刺破水下植物后将卵单颗产在里面。孵化出的稚虫都叫水虿，生长在水草丰茂不流动的池塘里，很贪吃，一天可以吃掉与自己体重相等的食物。水虿要经过十几次的蜕皮才能发育成熟进入羽化期，刚蜕皮时不吃不喝，躲在枝条下、石头缝中或泥沙下，第2天开始进食。平时常会倒挂水下枝条或水草，尾端露出水面呼吸新鲜空气。即将羽化前8～20天停止进食，这时候不时会把头探出水面观察动静，最后几天会爬出水面裸露几个晚上，第2天凌晨返回水里，为出水羽化做好充足的准备。羽化期在7月，晚间9—10时，开始顺枝条爬出水面，寻找合适位置用六爪牢牢抱住，猛烈摇摆身体，最后抓牢（出壳后蜻蜓还需要抱住空壳羽化），离开水面10～20分钟羽化正式开始。羽化成功后飞离（留下蜕），寻找安全地带隐藏，等待羽翼坚硬、身体结实。第2天开始进食，2周后整个身体完全变色，渐渐成熟，开始寻偶、交尾、产卵。琉璃蜓水虿从爬出水面到羽化成功需4个多小时。

　　次末龄水虿蜕皮前，身体颜色变黑，蜕变只需十几分钟就能完成，刚蜕皮的水虿颜色较浅呈白色，有的略微发绿，此刻身体虚弱容易遭到其他捕食者的攻击，一不小心就会丢掉性命。第2天开始进食，同样大小的水虿一般相互避开，身材稍小的经常会成为大块头的美食。

　　蜓科水虿与蜻蜓似像非像，六足在水中用于攀附物体或爬行。末龄水虿背部生有翅芽，大小取决于它们的年龄。每蜕一次皮就长大一龄，一般要经过十几次，到了快羽化的时候称之为末龄，往前推就是次末龄。腹有10节，中间宽大两头窄小，末端尖尖的是肛附器。从侧面看，面罩有点像人的双臂折叠，前端双手扣在口器前，又像牙齿，伸直能够探出很远，捕捉猎物时就像锋利的两颗獠牙，有的

水虿侧面图

水虿面部图

像锐利的一排尖牙，能够迅速弹出，再加上肛门喷水，犹如闪电般地扑向猎物，将其抱住，然后送到嘴边饱餐一顿。

从正前方观看，六足支撑摆出攻击之态，面无表情却凶神恶煞，捕起食来可是六亲不认来者不拒。它们的种类不同、年龄不同，颜色、面部纹理斑纹也不同，所以脸谱千奇百怪五花八门，很有看点。

只要不比自己身体大的小鱼都是它们攻击捕猎的对象，这些对象一旦被盯上便难逃厄运，被夹住时就算拼命挣扎摇头甩尾都无济

水蚤吃鱼

于事。它们首先拿鱼腹开刀，开膛破肚饱餐内脏，然后夹掉鱼头吞食整个鱼身。

　　水蚤不擅游泳，所以从来不主动追逐猎物，都是以守株待兔的方式等待猎物经过。春天的水塘万物复苏，成群的鱼虾会络绎不绝地在面前游荡，它们会默默地等，蓄势待发，只要到了嘴边的小鱼，绝不会轻易放过，一击命中。

被水蚤夹住的鱼就像上了断头台，拼命挣扎摇头摆尾怒目圆睁都不管用，直至鱼头被夹掉，过程仅仅几分钟

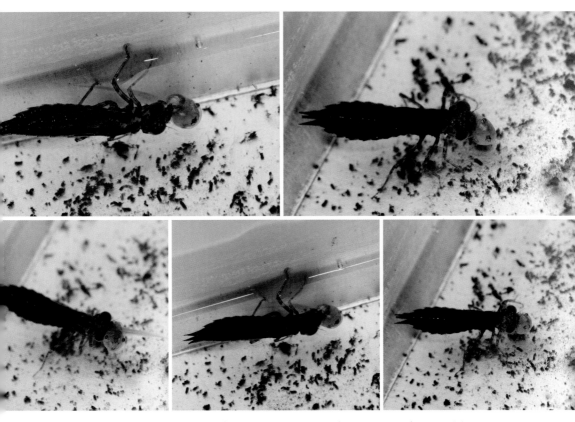

蝌蚪是水蚤的美味佳肴，被咬住的蝌蚪一只眼睛绝望变形十分夸张，似乎想要诉说什么

　　大蝌蚪几分钟便入腹水蚤，小蝌蚪不到 1 分钟就能被整个吞下，第 2 天就会变成水蚤旁边的那些屎。可以想象，有多少无辜的蝌蚪、小鱼葬身水蚤之腹的样子。

　　水蚤的凶猛程度超乎人们的想象，吃蝌蚪、小鱼虾、水面蜘蛛等倒不足为奇，可是要说吃蟾蜍、青蛙，恐怕就没有人相信了。下面就让你一饱眼福，看看水蚤吃蟾蜍！

蟾蜍俗称癞蛤蟆，其幼虫是蝌蚪，蝌蚪刚长出四肢仍然年幼，比水蚤小了不少，所以水蚤才有恃无恐。癞蛤蟆、青蛙长大后开始捕食昆虫，吃飞来水边产卵的各种蜻蜓也是家常便饭。

　　可怜的小癞蛤蟆刚长出四肢不久便遭遇水蚤的捕食，生命就此戛然而止！

水蚤夹住一只小癞蛤蟆腿迅速蚕食，小癞蛤蟆翻滚欲逃生为时已晚

举手投降也不好使，水蚤绝不优待俘虏，吃完大腿顺藤摸瓜开膛破肚

可怜的小癞蛤蟆几分钟后肚子就被掏空，最后仅剩下咬不动的骨头和半截前肢

　　事实上，水虿吃蝌蚪、青蛙吃产卵的蜻蜓都是大自然的巧妙安排，属于常见自然现象，它们相互制约促进了生物进化，保护了生物物种的多样性。

　　总之，水虿的食谱是多样性的，不吃死物，专吃移动中的活物。例如，蝌蚪在水虿面前一动不动，水虿绝不会主动扑食，只是蓄势待发盯着猎物，猎物稍微移动，水虿便以迅雷不及掩耳之势弹出像镊子一样的长臂夹住对方收回到嘴边。

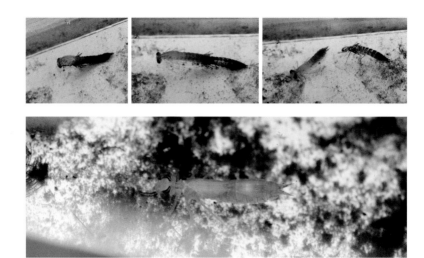

又蜕皮了，一个神龙摆尾，甩掉最后的躯壳进入末龄期，水虿的背后长出明显的较大翅芽，丢下外衣蜕

　　上图水虿蜕皮过程需要十几分钟。刚刚进入末龄期的水虿，细皮嫩肉，活动不便，又不具备逃生本领，极易遭到各种捕食者的攻击，包括兄弟姐妹间。蜕皮后的第2天，便开始进食小鱼、小虾、小蝌蚪等，凡是比自身稍小的水生生物都逃不出它的这对魔夹，捕到猎物后收回到口器旁开始大口咀嚼。末龄期它们的食量非常大，整天几乎不停地捕食，历经半月养精蓄锐，在羽化前一周开始绝食，有的需要2~3周，甚至更长时间。绝食期间很少活动，有时几个小时甚至一天都不动一下。

　　琉璃蜓稚虫羽化的前几天，时常会倒挂水下枝条或水草上，尾端露出水面呼吸新鲜空气，也时常把头探出水面观察动静，后期晚上会整个身体爬出水面，清晨返回水里，这样反复很多天，为爬出水面做好充足的准备。

水虿在水里移动缓慢，经常攀附物体爬行，水中大型掠食者比比皆是，如遇到危险，肛门能迅速喷水加速逃逸。所以平时躲藏在隐蔽处或泥沙下，只露出头，摆出伏击态，时刻准备出击较小鱼虾等。猎物只要距离自己有半个身位，便难逃厄运。令人生畏的面具形状如两扇巨齿大耙子（种类不同，形状各异），伸出捕食瞬间，快如闪电，小鱼还无任何反应便已落入这对魔爪，摇头摆尾挣扎一会儿脑袋就搬家了。

倒挂金钟尾端露出水面呼吸　　　　　　　时而把头探出水面观察动静

绝食前食量巨大（瞧，下面黑乎乎的一坨便便，可以想象它的食量）

下面是雄性琉璃蜓羽化全程，用时记录（2013.6.17）。

顺着枝条爬出水面，剧烈摇摆身躯，最后牢牢抓住合适部位不动，不一会儿，
头后背裂开，背头先冒出来（21:17—22:00）

渐渐大半身躯倒仰着出来吊挂约 30 分钟，然后突然弯曲腹部掉头向上抱住
已经抓牢的躯壳，来个神龙摆尾彻底甩掉蜕（21:59—23:22）

整个蜷缩的身躯和翅渐渐舒展开来变大（23:30—00:18）

羽化过程有序进行，波澜不惊，成功后，丑水虿变成了美丽的蜻蜓（00：30）

上：此刻开始颤翅渐渐打开，还不断抖动，完全打开后显现出雄性特征（00:30）

下：从爬上岸那一刻起耗时约4个小时，从一只丑小鸭演变成白天鹅（00:35 羽化成
　　功后飞离，留下空壳蜕）

再次飞离寻找合适地点

最后选择一片绿叶下，遮风挡雨又安全

从羽化到发育成熟需要 10～20 天，然后出没于水塘边寻偶、交尾、产卵。

10 多天后身体颜色变成蓝绿黑褐色相间，翅透明，足黑色，这时已经发育成熟

雌性琉璃蜓羽化过程与雄性一致，6 月 30 日 21：22 开始羽化，到 7 月 1 日 1：21 分完成，羽化过程历时约 4 小时。

至 7 月 1 日 1:21 羽化成功，然后飞离

室内羽化　　　　　　　　　　　　　　　野外自然羽化

　　雄性成熟后首先来到水塘，建立 20 ～ 40 平方米水域领地，不知疲倦地来回巡视、捕食、驱赶其他雄性，等待雌性到来。有时赶走一个不速之客要追击出很远的地方才罢休，然后又回到原处，急切期待雌性到来。

　　雌性发育成熟来到水边寻找意中人。一般雌性先隐蔽在草丛或树林中考察雄性动静，一旦选中对象便径直飞过去投入雄性怀抱，双双躲进树林或浓密草丛中交尾，令人难觅踪迹。

雄性在芦苇丛生的水塘边几十方米的水域内不知疲倦地来回飞行寻偶

左：雌性琉璃蜓已经找到心目中的伴侣，悬停等待或径直飞过去，附近雄性会不失时
机迅速将其夹走（交尾过的雌性悬停，多半是在考虑产卵地是否合适）

右：雌性选择好对象直奔而去

交尾后雌性回到水塘，选择合适草茎产卵

交尾洞房花烛夜需要 1 个多小时才能完成。

交尾完毕雄性扬长而去，雌性为避开其他雄性骚扰（交尾过的
雌性通常产卵一段时间还要与其他雄性交尾），则悄然来到杂草密
布的岸边寻找合适地点，为确保卵成活率还要多次更换产卵地点，
一般在水上有漂浮物或草茎上产卵，使用产卵管刺破草茎或植物表
皮，把卵产在里面。

把产卵器插入漂浮草茎水下部分产卵　　　有时多半腹部都插入水下产卵

产卵完毕它们的生命也即将走到尽头，水下孕育着它们的后代，新生命即将开启新的循环往复过程。

说说螅

螅即豆娘（有些地方俗称线蚂螂），前后翅几乎等大，复眼分开在头两侧像个哑铃。螅有大也有小，大的身长约 90 毫米（巴西有一种竟有 160 毫米），小的只有约 20 毫米，只不过它们多数身体相对纤细，飞行速度稍慢一些。

螅的生命历程与蜻、蜓基本一致，只是长相上无论是稚虫还是成虫都有很大差异。它们的产卵方式与蜓科蜻蜓基本一致，卵在水中孵化成水虿，然后爬出水面羽化。矛斑螅的稚虫水虿与成虫长相相近，但肛附器完全不同，被称为尾腮，分成较宽大的 3 个叉，在水中可以摆动游泳或呼吸。虽然体型不大，但它们在水下也是凶悍的掠食者，除正常捕食外也常常相互攻击，咬断对方"尾巴"是常有的事，吞食同类也时而发生。

矛斑蟌的生命过程

矛斑蟌，学名 *Coenagrion lanceolatum* (Selys, 1872)，蜻蜓目—均翅亚目—蟌总科—蟌科—蟌属，身长约 38 毫米，北方常见种，雌雄异色，也有同色。矛斑蟌发生期 5 月下旬到 7 月上旬，飞行期不到 2 个月，喜欢在水塘水草密布区域栖息。盛夏 6 月产卵季节的池塘到处都能见到它们交尾、产卵的身影，有时一个平方米水域就有多对在连接产卵。

一般情况下，成熟雄性在水边飞来飞去或停落在突出显眼处，雌性躲在附近树丛或草丛观察，选好对象径直飞过去，雄性不失时机瞬时夹住雌性前胸背板连接在一起，然后一起飞到僻静处降落，雌性弯曲腹部将产卵器插入雄性生殖器内，呈环状交尾。约 5 分钟后打开，雄雌连接前往产卵地产卵，有的会被其他雄性干扰冲散，雌性就会单独产卵，其间还会被其他雄性夹走再次交尾。矛斑蟌会在水草丰密的水面聚众产卵，景象蔚为壮观；有时直接把卵产在浮萍上，卵在阳光照射下晶莹剔透熠熠生辉；有时把卵产在水面倒伏的草茎里。

交尾中的矛斑蟌

上：矛斑蟌在倒伏的水草上产卵

下：后面同时伴随纤腹蟌也来此产卵，络
　　绎不绝，你来我往争先恐后好不热闹

5 月下旬和整个 6 月矛斑蟌都在羽化产卵，卵十几天就能孵化，7 月中旬后数量明显减少。下图展示了矛斑蟌末龄稚虫及羽化过程。

矛斑蟌次末龄最后一次蜕皮进入末龄

羽化前 5 天停止进食，有时一动不动几个小时甚至一天，羽化前身体变深，通常上午顺枝条或草茎爬出水面羽化

爬出水面即将羽化　　　　　　　　　这只尾腮没了还能正常羽化吗？能

　　矛斑蟌的稚虫与捷尾蟌的稚虫外观极其相似。到了 6 月，矛斑蟌开始大批量羽化，池塘边的草丛或露出水面的树枝等都是它们的理想羽化地。爬出水面到处寻找最合适的草茎或枝条，六足抓牢猛烈扭摆身躯，最后固定住不动，几分钟后后背隆起开始羽化。

后背开始起鼓、膨胀、裂开，头背先出来，一个新生命即将诞生

向后倒仰出来，然后活动六足

六足灵活后回身抓住树枝，用力抽出腹部

刚羽化出复眼就敏锐本能地知道避险，在枝上不断攀爬躲来躲去，避开相机镜头

找到合适位置抓牢，身体由小到大开始全面展开；翅要比腹伸展得更快，最后已经远长于腹

雄性
生殖器

腹部完全伸展开后要长于翅，雄性羽化成功，尽管羽化前没有了尾腮变成秃尾巴，仍然能够正常羽化，没有留下残疾

下图展示了雌性羽化过程。

雌性
产卵器

上：与其他所有蜻蜓一样，都是后背最先隆起破壳，然后头背部先出来，向后倒仰

中：倒仰等待六足伸展开，能够活动自如，然后回身抓牢树枝抽出下半身，等全身都
　　出来后，蜷缩的翅迅速展开

下：翅要比腹伸展得更快，等腹部完全伸展开后，羽化成功即将飞离

矛斑蟌羽化全程用时约 1.5 小时，要比蜻、蜓羽化快很多，然后飞走寻找更安全的地方躲藏，身体颜色由浅变深，同时由软变硬，1 周后发育成熟，色彩艳丽。成熟后的雌性主色调是黄绿色（也有与雄性同色的雌性），雄性是蓝色。

上：刚羽化身体发白（侧面、背面），渐渐变色变成熟
左下：体色渐渐变化，白中透绿
右下：成熟后变蓝绿色、黑色

刚羽化的矛斑蟌雌性正脸

成熟后雄性矛斑蟌正脸

矛斑蟌雄性从羽化到成熟，体斑、体色也由浅入深逐渐变化

初熟颜色较淡　　　　　　　　成熟身体蓝黑色

成熟　　　　　　　　　　　完全成熟后渐渐变老熟

雄性用肛附器夹住雌性前胸背板连接在一起，准备交尾

　　雄性寻偶一般没有固定领地，只是在水面飞来飞去，交尾后就停落在水塘附近。它们的身体极易被其他寄生虫黏附，雌雄身体上都可能会被寄生，但不影响交尾、生育、繁殖。

一旦交尾过的"新娘"被别人抢走，新来的雄性会把"前夫"留下的种子清理干净，然后注入自己的后代，所以交尾过后，"新郎"依然会牢牢夹住"新娘"，直至产卵结束，以保证自己的血脉延续。

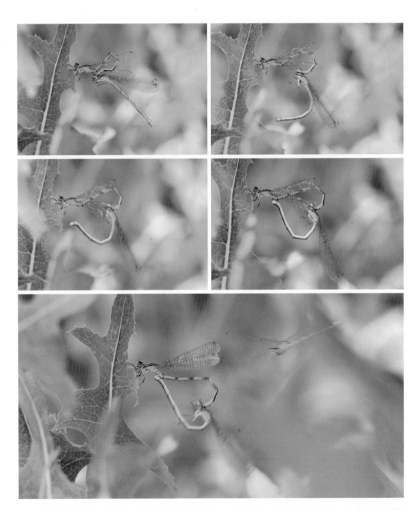

上：雄性用力弯曲腹部，此刻还需雌性配合；雌性配合向上弯曲腹部，伸向雄性腹部
　　第2腹节生殖器
中：雌性尾端对准伸向雄性前端的生殖器，然后雌性产卵管插入雄性生殖器内被扣住，
　　形成一个环心状，交尾成功，从图中可以看出豆娘交尾很不容易
下：豆娘交尾过程中，常会遇见其他雄性前来寻衅滋事

有时被其他雄性追赶，连接飞行的豆娘便慌不择路，一不小心，雄性被蜘蛛网粘住，但雄性宁可同归于尽也不愿意松开雌性。

蜘蛛顺藤摸瓜迅速出击，吐网缠绕合二为一，此刻雄性豆娘牢牢夹住雌性毫无松开的迹象，大有只求同年同月同日死的决心

雄性被网粘住依然夹住雌性不放

雄性半截身躯没了，后半段依然没有松动

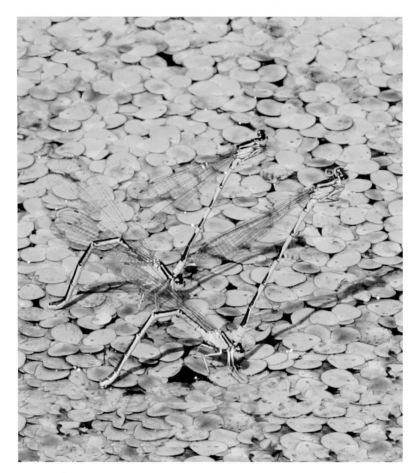

双双对对在产卵

　　水面浮萍上星星点点的螅卵在阳光照射下熠熠生辉，映衬着一对对非凡演员翩翩起舞的表演才能，这两对似乎在表演美丽的舞蹈，算是出尽了风头，称得上最佳搭档，演绎浪漫的爱情故事。蜻、蜓、螅都是这样演绎着它们生生世世生死轮回的生命过程，亿万年来它们的外观没有太大改变。

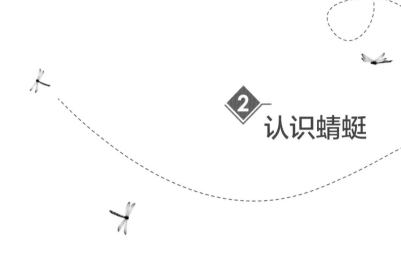

② 认识蜻蜓

蜻蜓家族遍及全世界，约有 6000 种，除了南极外，所有大洲甚至岛屿都有它们的踪迹。据不完全统计，中国有 20 多科 170 多属 800 多种。由于文献记载的蜻蜓种类常有异名现象，有的蜻蜓被重复命名，以致难以统计最终的准确数字。

我国蜻蜓大多数种类栖息在云南、广东、广西、贵州、台湾、海南等热带、亚热带地区。北方冬季时间太长、太冷；夏季时间短，不太适合蜻蜓居住、生存，所以相对较少。其中有些蜻蜓南北通住，从东北到华南都能见到它们的身影。

蜻蜓是蜻、蜓、螅的统称，每一个科下有很多种属。蜻类又含有各种伪蜻和大伪蜻，蜓类也包括春蜓、大蜓和裂唇蜓，蜻和蜓又笼统叫蜻蜓；螅既可叫蜻蜓也可叫豆娘。

蜻蜓的身体主要由 5 部分组成：头、胸、翅、足和腹，头包括面额、口器、触角和复眼；胸背部长有 4 片翅（翅表面的小格称为翅脉），胸下有 6 个足（每个足都长满锋利的毛刺）；腹有 10 节，第 1、10 节很短，第 2、9 节稍短。腹有生殖器官，末端有肛门和肛附器，品种不同，肛附器形态大小也不一。

翅痣

合胸
复眼
触角

三角室

面额
口器

六足

10个腹节

尾毛

赤蜻（雌性）身体主要部位名称

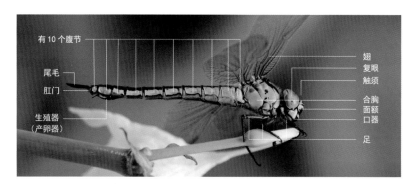

有10个腹节

翅
复眼
触须

尾毛
肛门

合胸
面额
口器

生殖器
（产卵器）

足

蜓（雌性）身体主要部位名称

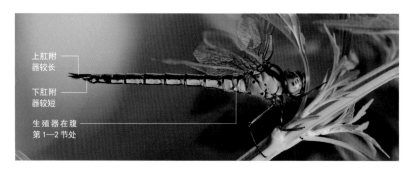

上肛附
器较长

下肛附
器较短

生殖器在腹
第1—2节处

蜓（雄性）身体主要部位名称

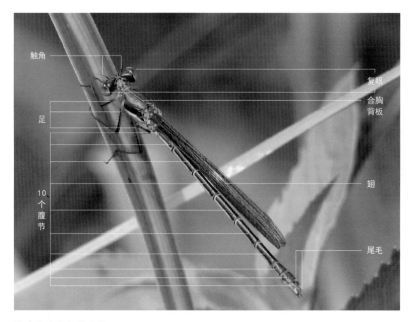

触角

复眼
合胸
背板

足

10个腹节

翅

尾毛

蟌身体主要部位名称

漂亮的头

　　蜻蜓的头包括 2 复眼 3 单眼、面额和口器。2 只大复眼约占整个头部的 2/3，里面有无数小眼，所以称之为复眼，能眼观六路视力极佳。此外，复眼间还有 1 大 2 小的单眼，也就是说蜻蜓有 5 只眼睛，所以周围大小移动物体都逃不出它们的视野。蜻和蜓的 2 只复眼是连在一起的。豆娘的 2 只复眼是完全分开到左右两边的，大而突出，像哑铃。蜓类中的裂唇蜓有点特别，它们的 2 只复眼是略微分开的；春蜓的复眼完全分开，但又不像蟌那样分到两边去。蜻蜓的面额很有趣，像一张张表情丰富的脸谱，代表着各自不同的家族特征。

蜻、蜓的头有个非常重要的作用，即交尾时首尾连接在一起。雄性的肛附器要首先夹住雌性的后头，连接在一起后才能交尾。

左：赤蜻交尾，雄性的肛附器要夹住雌性的后头
右：春蜓交尾，雄性的肛附器也要夹住雌性的后头，螅类则是夹住前胸背板

下肛附器 ————

上肛附器 ————

蜻、蜓雄性利用上、下肛附器夹住雌性后头

1对
小单眼

1只
较大
单眼

左：异色多纹蜻，雌性和雄性的面
部长相完全不一样

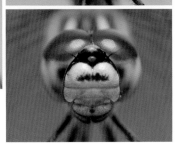

右：大赤蜻，雄性和雌性的面部
长相成熟后变化很大

闪蓝丽大伪蜻，雄性和雌性的面部长相和色彩不同

蜻科中很多雌雄面部长相不同，但也有相同或近似
的。在发育过程中，个体不同其面部长相、色斑以及复眼
上下颜色都有差异。

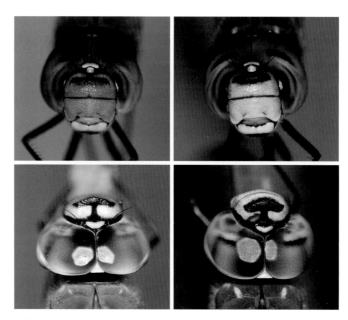

混合蜓，左雌性与右雄性的复眼和面部长相一样，但色彩不同

蜻和蜓的两侧复眼是紧密结合在一起的，多数蜻科是两个半圆结合；多数蜓科结合后中间形成一条结合直线。蜓科中雌雄面部长相一样或近似。有时通过复眼判断是蜻还是蜓很难，还需看三角室来决定。

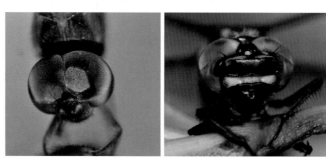

细腹开臀蜻复眼绿色像蜓　　　裂唇蜓复眼刚好分开

蜓类裂唇蜓、大蜓的复眼是略微分开的；春蜓的复眼则完全分开。这也是区分蜓类的主要标志。

 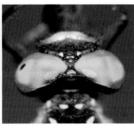 

左：春蜓复眼完全分开一段距离
中：裂唇蜓复眼刚好分开，与蜓科区别大
右：春蜓复眼完全分开，非常容易判断

蟌的复眼分开到头的两侧，像哑铃。蟌的这一点与蜻、蜓有非常明显的差异，所以很容易辨别。

左：赤基色蟌（雌性）
右：透顶单脉色蟌（雌性）

左：庆元异翅溪蟌（雄性）
右：华丽暗溪蟌（雌性）

丽拟丝螅（雄性）

长叶异痣螅（雄性）　　叶足扇螅（雄性）　　红眼螅（雄性）

强劲的胸

　　蜻蜓的前胸小，能活动；中胸、后胸紧密愈合，之间不能活动，被称为"合胸"或"具翅胸"。

后、中胸上方长有 2 对翅，合胸内全是强劲肌肉条，肌肉伸缩可以使每个单翅向不同方向拍打，能够为蜻蜓各种飞行提供足够动力；前胸下具 2 前足，中胸下具 4 足，爪尖具 2 钩，强劲有力。

　前胸
　背
　肩
　中胸
　后胸

蜻类的胸部

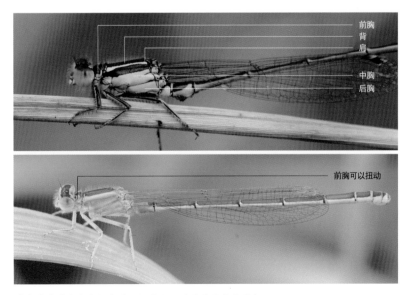

　前胸
　背
　肩
　中胸
　后胸

前胸可以扭动

蟌类的前胸大小比例比蜻、蜓类大，其他结构基本类似

交尾时雄性肛附器
夹住雌性前胸背板

蜻、蜓类交尾、连接时是雄性用肛附器夹住雌性的后头，而螅类则是夹住前胸背板

多彩的腹

　　很多人习惯把蜻蜓的腹部当成尾巴，也难怪，它们的腹部很长，的确像个大尾巴，其实那是腹腔，里面有肠子、肚子。所有蜻蜓的腹部都有 10 个节，第 1 节和第 10 节都很短，第 2 节和第 9 节稍短。

雄性赤蜻（上：侧面，下：背面）

雄性生殖器在第 1—2 节间，称次生殖器，真正产生精子的内生殖器在腹部末端，雌性生殖器在第 8—9 节间。一般情况腹部第 1—2 节粗壮膨大，第 9—10 节短小，但有的雌性螅膨大。肛门在第 10 节末，第 10 节末端长有片状小小尾巴，称为肛附器，雌性只有 2 个（也称尾毛），雄性蜻蜓上肛附器 2 长、下肛附器 1 短，共有 3 个。很多春蜓的下肛附器分叉看似 2 个。

雌性腹部第 1—2 节膨大更加明显

蜻、蜓、螅都是胸后连着腹，腹部末端有肛附器。雌性蜻蜓的肛附器相对短小，似乎没什么功能。雄性的肛附器稍大，主要用于夹住雌性使之串联在一起。雄性蜻、蜓用上下肛附器夹住雌性的后脑勺；雄性螅的肛附器略不同，有的上肛附器较大像环状卡子，有的下肛附器较大，有的上下一样大像夹子，都是用来夹住雌性前胸的。

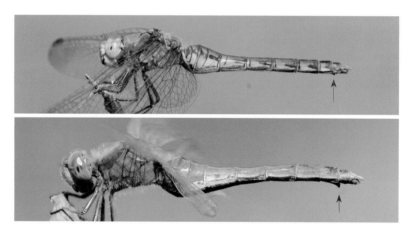

上：产卵瓣较小，雌性蜻类没有像弯锥一样的产卵器
下：产卵瓣凸起，通常雌性腹部前三节比较膨大

长痣绿蜓雄性腹部正面、侧面

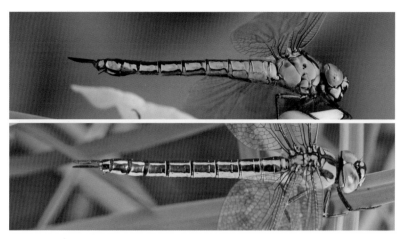

雌性蜓只有 2 个肛附器

碧伟蜓（上：雄性，下：雌性），有的雌性第 2—3 腹节像雄性一样也是蓝色

　　仔细观察肛附器就能分辨出雄性和雌性的显著特征，一般情况从蜻科的色斑就能分辨，雌性腹部第 1—2 节明显膨大。

圆臀大蜓（上：雄性，下：雌性），雌性圆臀大蜓的产卵管与众不同，是蜻蜓中最长的

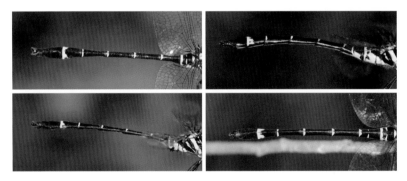

裂唇蜓（左：雄性，右：雌性），雄性裂唇蜓与蜓科、蜻科的肛附器差异很大；雌性没有产卵器，和其他蜻类一样都是产卵瓣内有生殖孔

戴春蜓（雄性）肛附器很特别

左：环尾春蜓（上：雄性，下：雌性），雌
　　雄肛附器完全不一样，春蜓雌性都没有
　　产卵器，和其他蜻类一样都是产卵瓣

右：叶春蜓（上：雄性，下：雌性），
　　雌雄肛附器几乎一模一样

　　春蜓雌性间的肛附器和生殖器官产卵瓣大同小异，但雄性的肛附器千奇百怪，很难描述它们的形状。总之，雄性肛附器就是为同类雌性专门设计打造的，不同种类的蜻蜓很难钩夹在一起连接。下面列举几种。

马奇异春蜓（雄性）

长腹春蜓（雄性）

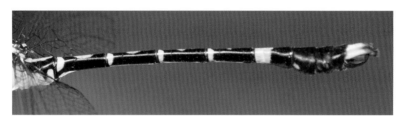

基齿奈春蜓（雄性）

钩尾副春蜓（雄性）

大团扇新叶春蜓（雄性）

金黄显春蜓（雄性）

　　雌性豆娘的产卵器差不多都一样，与蜓科的产卵器也几乎一样，有的到第 9 节末端，有的超过第 10 节末端。

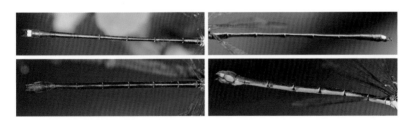

蓝绿丝螅（上：雄性，下：雌性）

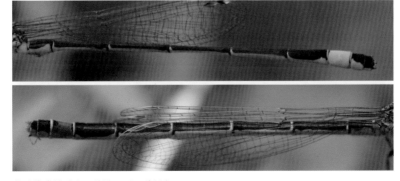

长叶异痣螅（上：雄性，下：雌性）

蜻
蜓
与
豆
娘

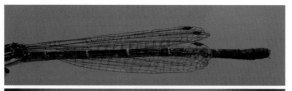

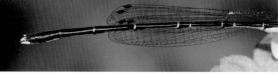

叶足扇螅
（上：雌性，下：雄性）

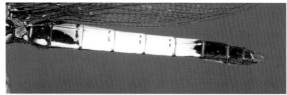

黑白印鼻螅
（上：雄性，下：雌性）

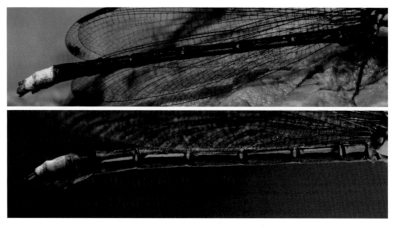

庆元异翅溪螅（上：雄性，下：雌性）

雄性的生理结构比较特殊，内生殖器在腹末端，发育成熟后需要把产生的精子向前传输到腹第2节次生殖器的储精囊内，以备交尾时射出。所以，雄性交尾前会剧烈摇摆腹部向前传输，这种情形，蟌类很常见。

雄性东亚异痣蟌上下剧烈摇摆腹部

　　蟌类和蜓科雌性腹部第8节末端都有产卵管。它们从来不点水产卵，而是把产卵管插入植物茎或水面漂浮的朽木里一枚一枚产卵。在交尾的时候还需把产卵器插入雄性腹部第2节的生殖器内等待雄性排精。一般雌性腹部要比雄性腹部粗。肛门在腹节第10节最末端。

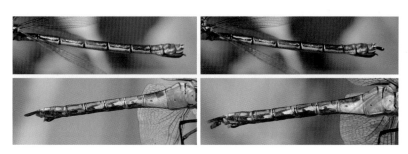

上：足尾丝蟌（雌性），排便
下：碧伟蜓（雌性），肛门在第10节末端，粪便由此排出

发达的翅

　　翅，前窄后宽（称之为差翅亚目），表面布满纹脉，前后翅的三角室相同或相似，无论体型大小，都叫蜓；完全不一样的，无论体型大小或颜色，都叫蜻或伪蜻，它们降落时翅完全打开。蟌的前后4片翅几乎一样大（称之为均翅亚目），它们降落时4片翅经常闭合在一起，像一片有柄的砍刀，但有些种类的蟌降落时像蜻、蜓一样打开4片翅，也有的时而打开时而合闭。海南有一种独一无二的蟌——丽拟丝蟌，它的后翅艳丽，明显比前翅小很多。

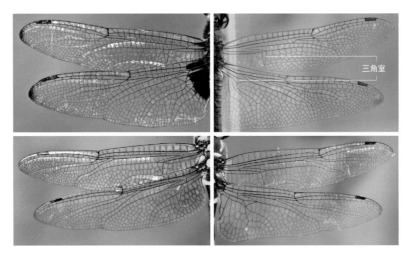

三角室

上：玉带蜻（左）、黄蜻（右），蜻科前后翅的上下三角室完全不一样
下：闪蓝丽大伪蜻（左）、黄斑丽大伪蜻（右），丽大伪蜻上下三角室差异很大

　　蜻、蜓的外观有时难以分辨，通过观察三角室就可以判定是蜻还是蜓。

上：莫氏大伪蜻（左）、东北大伪蜻（右），大伪蜻属三角室差异渐小

上：赛丽异伪蜻，异伪蜻科也像大伪蜻科一样三角室差异渐小，但还是不一样
中：戴维裂唇蜓（左：雄性，右：雌性），裂唇蜓科的上下三角室有点差异，但几乎一样
下：云南角臀大蜓（左）、格氏圆臀大蜓（右），大蜓科的三角室完全一样

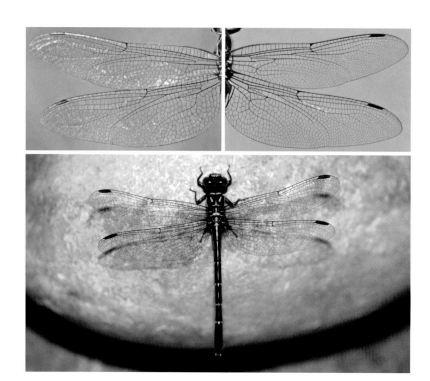

上：黄绿多棘蜓（左）、琉璃蜓（右），蜓科的三角室完全一样
下：歧角缅春蜓，春蜓科的上下三角室虽不完全一样，但比起蜻类的还算接近，近似一样

　　大多数丝螅、综螅降落翅都是打开的，其他螅降落翅大多是闭合的。

足尾丝螅降落翅是打开的，刚刚羽化时喜欢闭合，而且放在腹部一侧

黄狭扇螅雌性、雄性 4 翅透明，闭合一样大，但种类不同，颜色、大小、宽窄和停放位置也有区别

    螅降落 4 翅闭合在一起，有的后翅略长，看起来长短不一，实际上差不多大，4 翅的纹脉也一模一样，只是种类不同颜色差异较大。4 翅闭合在一起时，前翅先闭合，然后 2 后翅把 2 前翅夹在中间全部闭合在一起。

左：透顶单脉色螅翅蓝黑相间，翅也翘起
中：烟翅绿色螅翅褐色翘起离开腹部
右：长痣丝螅 4 翅打开，黑翅顶端透白色

一般在降落时，丝螅、综螅的翅总是打开的。少数丝螅如三叶黄丝螅、奇印丝螅等，降落时 4 翅完全闭合在一起。

上：泰国绿综螅 4 翅打开（左），丽拟丝螅（雄性）（右）
中：奇印丝螅雄、雌降落合并 4 翅，放在腹部一侧
下：三叶黄丝螅（左：雌性，右：雄性）降落合并 4 翅，放在腹部一侧

多用的足

蜻蜓和其他昆虫一样，有 6 只长满尖刺的足，足的末端有锋利的爪子，每只爪尖分开两岔犹如二齿钢钩，捕猎时会牢牢刺进昆虫身体使之毙命或无法逃脱。前面 2 足有时就像人的手，有抓住已捕获食物进食之用，有时也用来梳理发痒的面部或清洁复眼上的灰尘；

后 4 足用来捕捉昆虫，降落休息时能牢牢抓住植物或物体。有的降落休息时喜欢 2 只前足缩回肩旁备用，降落时就好像只有 4 足。

蜻蜓的腿节毛刺短而尖锐，胫节的长而锋利，分叉的爪子像锚钩一样

停歇时有的喜欢把前足收到前肩两侧

蜻蜓的面部和复眼经常沾上灰尘，这时像毛刷一样的前足毛刺就会发挥作用。

使用前足清理复眼或面部灰尘

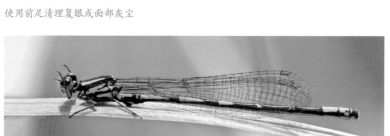

螅亦如此，使用像毛刷一样的前足刷洗复眼上的灰尘

当飞行的蜻蜓捕捉到猎物时，尖刺就能刺进猎物体内使之无法动弹。飞行的蚂蚱被蜻蜓捕获也只能一动不动束手就擒，成为蜻蜓的一顿美食大餐。

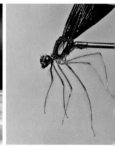

蟌的足有的短粗有的细长，都长满细细尖刺，被捕到的小昆虫很难逃脱，捕食同类也能派上用场

左：捕到猎物降落时，前足就像手一样固定猎物送到嘴边
中：碧伟蜓捕食蝗虫，使用前足搂抱进食
右：蓝绿多棘蜓停息

异痣蟌捕食刚羽化未熟的蟌，无论大小，它们都要用前足抱住饱餐一顿

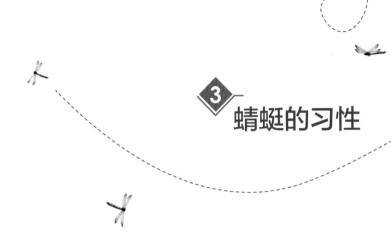

③ 蜻蜓的习性

　　我们最常见到的蜻蜓大多数都是雄性。它们常常在水边飞来飞去划定领地范围巡视，或降落在显眼枝头、凸起物上等待雌性蜻蜓的到来，若当天等不到第二天还会在原地巡视或降落。这些地方是雌性蜻蜓产卵必到之处，雌性蜻蜓性成熟前不在水边活动，成熟后才飞回水塘边附近观察，一旦选中对象就飞过去，雄性蜻蜓会不失时机与之交尾。交尾时间不尽相同，少则十几秒、几分钟，多则20分钟至几小时不等。蜻蜓种类千差万别，习性当然也如此，比如有个别热带地区的蜻蜓会夏眠，还有冬眠的（三叶黄丝螅等）。这里所讲述的是能拍摄到的而且是常见的，并不代表所有蜻蜓都如此。除了飞行求偶外，有些雄性蜻蜓是落在茎、叶顶端，以及枝头或石头上等待雌性蜻蜓的到来，有时需要等几天才能找到伴侣，时常飞起捕食路过的昆虫或赶走其他雄性蜻蜓，有的傍晚出来巡河，有的沿湖边长距离来回飞行，有的在芦苇丛中穿梭主动寻找雌性，如此等等，寻偶方式五花八门。

　　蜻蜓寻找配偶是靠复眼观察还是靠气味还是靠本能？很多同属蜻蜓的雌性长相极其相似，生物学专家有时都很难分辨清楚，蜻蜓又是如何准确找到自己的伴侣的呢？多数学者认为，蜻蜓寻找配偶是靠敏锐的复眼。那么它们是怎么从众多蜻蜓中一眼就能辨认出自己的同类的呢？它们之前肯定互不相识，或许是种族延续综合本能驱使吧。

　　野外观察到很重要的一点，就是许多蜻蜓交尾时雄性特征更明显、色彩更艳丽。雌性的腹部下方会产生一层灰白粉霜状物质，成熟前没有，交尾期后这些特征就消失了，那些种类繁杂的蜻蜓是否在成熟期通过激素产生化学气味以吸引和辨认自己的同类呢？当然，这仅是笔者猜测，有待科研工作者进一步验证。

金黄显春蜓在小溪边巡飞寻偶

上：霜白疏脉蜻喜欢降落草尖，偶尔起飞捕食，等待异性
下：竖眉赤蜻更喜欢落在高高枝头，偶尔飞起捕食，等待异性

白尾灰蜻护卫产卵

飞行表演

　　蜻蜓的飞行能力在昆虫世界里应该是首屈一指的。悬停是它们出色的本领，要不是悬停我们很难捕捉到它们美丽的飞行姿态。它们在自己领地上空盘旋表演，俯冲、拉升、180°急转弯、前进、后退以及悬停，使出浑身解数，一边捕食一边表演以吸引异性到来，每隔20分钟左右它们会就近就便降落休息一会儿。在阳光照射下，它们宛如天使耀眼夺目；傍晚它们乘着晚霞出没于林间溪流旁，好似幽灵般神秘莫测。

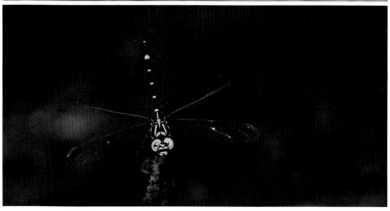

台湾环尾春蜓（上），傍晚时分各种环尾春蜓幽灵般出没寻找配偶（下）

海南环尾春蜓（左）、驼峰环尾春蜓（右）常在傍晚来到水边巡飞求偶

狭痣佩蜓更是典型的代表，傍晚巡河寻偶　　乌微桥原蟌

华艳色蟌

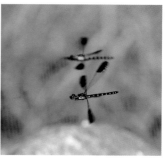

两只雄性三斑阳鼻蟌斗架驱离同类，这是鼻蟌类常见现象

求偶千姿百态

蜻蜓除了飞行寻偶，还有降落等待，寻偶方式五花八门。有些雄性降落在水边草茎、叶顶端，或是枝头、石头上，这些地方比较显眼或视野开阔，易等待雌性寻来。它们时常飞起捕食路过昆虫或赶走其他蜻蜓，有时需要等待几天才能找到伴侣。有一些种类是雌性等待雄性寻上门来，这类雄性没有固定的领地，例如：红蜻雄性常常无规律地飞来飞去寻找雌性，累了随便落下休息；褐顶赤蜻雄性很少降落划定领地范围等待雌性，而是东游西逛寻找雌性，雌性成熟后比较喜欢落在突出枝头以等待雄性到来；赤蜻寻偶比较复杂，有的是雄性等雌性，也有的是雌性等雄性。

白尾灰蜻喜欢在水边显眼处停落，划定领地等待雌性，时常沿水边巡飞一圈，没有获得领地的便四处骚扰引起争端。在交尾完毕后，雌性产卵时，雄性便会在上方悬停护卫，多数灰蜻都有这种习性。白尾灰蜻护卫产卵仅仅几分钟就自行离去，单独产卵的雌性还会与其他雄性多次交尾。

蟌类寻偶，雄性通常没有固定领地或固定方式，大多数成熟后出来乱飞随意降落；雌性成熟期滞后于雄性，一旦性成熟便出来寻找"意中人"。建立领地争夺地盘是很多蜻蜓的天性，"一山不容二虎，一域不容二蜓"，有时候它们的打斗会两败俱伤，有的可能落水溺死，有的会伤及翅、足，还有的会伤及复眼或造成面门塌陷等。

左：斑丽翅蜻雄性和雌性都喜欢休息等待配偶

右上：网脉蜻雄

右下：曜丽翅蜻雄降落在高高的显眼处等待配偶

蓝额疏脉蜻雄性降落枝头等待雌性

褐顶赤蜻（左）、扁腹赤蜻（右）雌性等待雄性，雄性褐顶赤蜻及其一些同属喜欢到
处游逛

　　这些行为在成熟求偶期间易见，蜻蜓产卵结束后就远走高飞了，很难再寻觅到它们的踪迹。

左：小斑蜻高落枝头，眼观六路耳听八方等待配偶，枝头下的黄蜻都是未熟来此吊落休息

右：赤斑曲钩脉蜻（上：雄性）、高翔莽蜻（下：雄性）都喜欢降落在高高的树尖上

大团扇新叶春蜓（左：雄性）、霸王叶春蜓（右：雄性）都喜欢降落在水边高处，另一些春蜓喜欢降落在水边或露出水面的大石头上，其他多数都是无规律降落

扩腹春蜓未定种，该种栖息在河流沿岸的水塘附近，于 2018 年 9 月 11 日在国内被首次发现并记录。

扩腹春蜓未定种（左：雌性，右：雄性）

红褐多棘蜓（雄性）　　　　　日本长尾蜓（雄性）

　　大多数蜓类都喜欢在密林深处的枝条下吊落休息，求偶时来到水边，在雌性产卵的必经处吊落等待，饿了出去觅食，吃饱后返回原处，直至等到雌性完成交尾为止。

　　上面这只红褐多棘蜓（雄性）在一小水塘上方的树丛中等了 3 天，第 4 天不见了，说明已经等到雌性，交尾完毕离去了。

海南特有种宽带溪螅(雄性)停落高处等待雌性

巨齿尾溪螅(雄性)喜欢停落枝条高处等待雌性

翘"尾巴"

　　蜻蜓翘"尾巴"，多发生在蜻属成熟、求偶期，这种现象的发生是因为：为等待异性，蜻蜓在炎热的夏季降落在枝头时，需要固守自己的领地，由于阳光暴晒，此刻又不能错过求偶期，于是在空

左上：红腹异蜻（雄性）　　　中上：庆褐蜻（雄性）　　　右上：产自美国的小蜻（雄性）

左下：晓褐蜻（雄性）　　　中下：晓褐蜻（雌性）　　　右下：大黄赤蜻（雄性）

旷醒目的突出地点，只好翘起"尾巴"直指太阳，以减少整个身体的受热面积，起到避暑的作用。有这种翘"尾巴"习惯的，赤蜻属居多，也有别的种属。它们经常把腹部翘得高高的，姿态非常美丽。晚秋凉爽季节，它们会调整整个身体对准太阳，以接受更多的光和热。高高翘"尾巴"并非雄性专利，雌性也常见。

上：竖眉赤蜻（雄性）（左），大赤蜻（雄性）（中），李氏赤蜻（雄性）（右）
下：扁腹赤蜻（雌性）

长尾赤蜻（雄性），阳光照射的阴影部分能够看出是一个点，而不是蜻蜓的整个身体

小叶春蜓（雄性）　　　　　　　霸王叶春蜓（雄性），随着阳光的移动，
　　　　　　　　　　　　　　　　它们也不断调整身体姿态

　　蟌类翘"尾巴"的现象比较少见，这与它们所停落的环境有直接关系。方带溪蟌、赤基色蟌等"尾巴"翘得都不高，因为它们喜欢停落在溪流露出水面的石头上或探进水面的枝叶上，这种环境相对凉爽。

赤基色蟌（雄性）

华艳色蟌（雄性）

上：方带溪蟌（雄性）
下：透顶单脉色蟌（雄性）

领地争夺

　　建立领地、争夺领地、争夺配偶是雄性蜻蜓的天性，绝大多数都是雄性求偶行为。大型蜻蜓的领地势力范围有大有小，大的甚至包括池塘所有沿岸，中小型蜻蜓有几十米的空间。

　　蜻蜓发育成熟后进入择偶期，雄性要不惜一切代价争取获得交配权，争夺领地多发生在雄性保护自己的领地时，"小荷才露尖尖角，早有蜻蜓立上头"，就是蜻蜓求偶期的生动写照。有水的地方是雌性产卵必来的地方，水边视野开阔的枝头或大石头是喜欢降落的蜻

异色多纹蜻霸占制高点　　　　白尾灰蜻虽大也要让它三分　　　异色多纹蜻也不示弱，打不过你落你尾巴尖上（温雨川 拍摄）

左：网脉蜻（雄性）占据有利地势

右：霸王叶春蜓（雄性）凶悍无比将其赶走，网脉蜻不甘心返回落下方委曲求全，因为附近没有更好的地势可以选择

类的首选，还有一些喜欢在较大的空间往来飞行建立领地。一旦领地建立就视为不可侵犯，因此为争夺有限的领地而打斗在所难免，有些降落在枝头上的较小的蜻敢于向来犯的大型蜻蜓发起攻击将其赶走。有的不走运，会被捕捉吃掉，屡见不鲜；有的打不过只好退一步，你在枝头上我在下；有的辛苦经营的领地被一只大鸟占据，竟也敢奋不顾身地降落在鸟头上或鸟喙上，成了大鸟的送到嘴边的美餐；有时为了一个显眼的枝头，两只雄性蜻蜓会多回合交锋拼个你死我活，有的知道自己不敌对方，干脆抱住枝头死活不走，另一只只好趴在它身上。

争夺制高点建立领地，是夏季雄性蜻蜓永恒的求偶主题，没有醒目制高点，雄性就不易找到和看到雌性，不能传宗接代。有的雌性也会占领制高点等待雄性，下面这只大赤蜻雌性等来了个不速之客，大黄赤蜻雄性非要夺下这个高地；两只雌性也斗得不可开交。

上：大赤蜻（雌性）和大黄赤蜻（雄性）争夺领地
下：大黄赤蜻（雌性）与褐顶赤蜻（雌性）来回争夺

就这几根枝条，赤蜻们争来斗去，都是为了维护自己的神圣领地

左：普赤蜻（雄性）盘旋，试图赶走褐顶赤蜻（雌性）

中：褐顶赤蜻（雌性）不肯走，普赤蜻（雄性）六爪齐上，褐顶赤蜻（雌性）用力拍翅
　　抵抗就是不走

右：争来斗去实在太累，只好休息一会儿

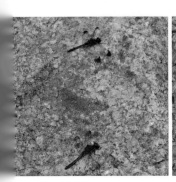

大黄赤蜻（雄性）与大赤蜻（雄性）谁都不肯离开水边这块石头，都想把对方赶走，打得难分难解，不分胜负，最后各让一步，易位各自落脚

黄基赤蜻与半黄赤蜻酣战多回合争夺枝头，以致领地数次易手，最后黄基赤蜻赶走半黄赤蜻，半黄赤蜻知趣逃走。

黄基赤蜻（雄性）　　　　　　　　半黄赤蜻（雄性）

上：黄基赤蜻松了一口气，放下紧张的翅歇憩一下
下：李氏赤蜻在此已经守候多日，等待异性

左：白尾灰蜻（雄性），实在赶不走对方，干脆趴在对方身上
右：固守石头领地，时常起飞驱赶来犯者或捕食，然后再回原处，不知道靠吃了多少
　　昆虫换来这么多粪便

正在交尾的混合蜓不断受到流浪雄性的骚扰，争夺配偶进入白热化

　　争夺领地互不相让的结果，要么息事宁人，要么在空中大战拼个你死我活。找到对象"入了洞房"也并非万事大吉，那些没有找到对象的流浪雄性时刻会冲上来抢夺"新娘"，因为雄性多而雌性少。

蟌的世界亦如此，看看这里有多热闹，都是为了一个共同的"传宗接代"目标而战！

没有找到对象的雄性到处乱窜抢夺人家的"新娘"

月斑阳鼻蟌（雄性）斗败，剩下 3 只足

混合蜓（雄性）斗败，折损 1 翼

　　一般情况，两雄相斗成王败寇，弱者黯然离场，有时也常会斗个两败俱伤。争夺配偶是蜻蜓永恒的主题！

夜幕幽灵

　　北方的蜻蜓很少傍晚出来活动，这个时候多半都吃饱喝足休息去了；南方很多种类的蜻蜓（尤其一些蜓类）特别喜欢傍晚出来觅食、寻偶，白天经常躲在丛林里睡觉，这些蜻蜓多半都很漂亮，难得一见。蜻蜓傍晚出来觅食、寻偶其实非常危险，容易遭到蝙蝠的攻击，因为这时蝙蝠已经是漫天飞舞了，有些蜻蜓夹杂其中令人担忧，好在蜻蜓的飞行速度和敏捷的躲闪能力足以让它们自保。蟌类一般傍晚不出来活动。

　　云斑蜻不喜欢强光，白天较少出来活动，大多躲在阴暗树丛、草丛吊落，时而出来觅食。到了傍晚，它们十分活跃，时常像黄蜻一样聚群漫天飞舞，成熟雄性会来到水边来回巡飞寻找配偶。雌性和未熟雄性外观特别像黄蜻，群飞和吊落的方式也接近，但黄蜻喜欢在阳光下飞舞觅食，傍晚很少出来活动，即使出来也是零星的，不聚群。

成熟云斑蜻（雄性）傍晚十分活跃

躲在阴暗树丛、草丛吊落，见到危险立刻躲避

细腹开臀蜻白天躲在密林枝条上呼呼大睡，到了傍晚却十分活跃，沿着溪流上蹿下跳飞行捕食，寻找配偶。

其他蜻科一般傍晚不出来活动，伪蜻科倒是有一些，最多的就是蜓类。

细腹开臀蜻（雄性）　　　　　　细腹开臀蜻（雌性）

细腹开臀蜻很有特点，腹部第1—2节鼓鼓齐胸，后面7节细得像根火柴干，足褐色，复眼大得出奇而且碧绿，雄性翅端染色

上：细腹开臀蜻（左：雄性，右：雌性）
下：弯钩大伪蜻（雌性）

沃氏短痣蜓（左：雌性，右：雄性），身材粗壮魁梧，特别是雌性，恐怕是体重最重的蜻蜓了

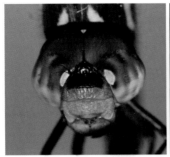

沃氏短痣蜓（雄性）的头

日本长尾蜓（雄性）

细腰长尾蜓（雌性）

上：浅色佩蜓（左：雄性，右：雌性）

下：鼎湖头蜓（左：雄性未熟，右：雌性）

福临佩蜓（左：雄性，右：雌性）

狭痣佩蜓白天躲在密林休息，傍晚出来寻找伴侣

    狭痣佩蜓雄性成熟后，傍晚来到溪流边表演飞行技能，吸引异性的到来。

    狭痣佩蜓雄性沿溪流巡飞时常悬停表演吸引雌性，因此容易捕捉拍摄，然而大多数蜓类傍晚出来后总是来来回回不停地飞行，要

狭痣佩蜓雄性沿溪流巡回表演吸引雌性

　　想拍摄到它们巡飞的镜头比登天还难。暗色头蜓出来沿着溪流飞行时夜幕几乎降临，只见到它们疾驰闪过的身影，要不是自投罗网，很难拍摄到它们靓丽的尊容，因为它们白天根本就不出来。

暗色头蜓

交尾

　　蜻蜓交尾是蜻蜓羽化成熟后的常见现象，但研究发现，有些并未完全成熟就开始交尾，如白尾灰蜻。通常捉到一对白尾灰蜻，雌性会从生殖孔不断向外排卵直至把卵全部排出。东北 6 月下旬正值交尾旺季，捉到交尾的雌性白尾灰蜻中有一半的腹腔内根本没有卵，仔细看都很年轻，这说明雌性白尾灰蜻成熟前就开始交尾，或许这样能够促进体内卵细胞快速生成吧。目前尚不清楚其他蜻蜓是否都有这种现象。

　　然而它们是如何找到中意同种伴侣的？对于我们人类而言，这是不可想象的，因为它们颜色多样，以前从未谋面，又和其他同属混杂在一起，它们如何认定自己的同类的？现在仍然是个谜。它们靠一对锐利的复眼就能准确无误择偶，并世代相传繁衍生息，这是大自然完美的造化。蜻蜓交尾是个非常复杂的过程，雄性蜻蜓的生殖器官在腹部下 1—2 节处；雌性的生殖器官在腹尾第 8—9 节处。可以想象交尾该有多难：雄性蜻蜓必须用爪子抱住雌性的头颈，然后把肛附器（尾巴尖）伸过来扣住头、夹住后脑勺；蟌类是夹住前

白狭扇交尾艰难过程

胸背板（前足后的胳肢窝位置上方），雄性螅尾端肛附器有个钩环，可以直接卡在雌性的前胸。连接成功后，雄前雌后连在一起，雌性抱住自己腹部向前送，把腹第 8 节向前送到雄性第 1—2 腹节的交合器上，阴阳结合进行交尾。

螅类与蜓科的雌性都有产卵器，所以它们的交尾方式几乎一模一样。

从上述连续画面看得出，有些螅的腹部细长，交尾时很难找准正确位置，过程耗时耗力，可能忙活十几分钟才能找到正确位置，交尾成功。

蜻蜓交尾成环后一般要持续 20 分钟到 2 小时。长叶异痣蟌交尾最长竟能超过 8 小时。小斑蜻、异色多纹蜻等交尾时间最短，在空中十几秒完成交尾，然后散开。白尾灰蜻交尾后需降落几分钟，然后雌性单独在水面招摇产卵，其他雄性再来与之交尾，并反复多次，这是蜻蜓一妻多夫现象的充分体现。虎斑毛伪蜻交尾完毕后，雄性扬长而去不知所踪，雌性绝不再与其他雄性交尾，而是独自把全部受精卵一次性排到体外，然后点在有水草的水面。

　　白尾灰蜻飞行连接瞬间，后面的另一只雄性紧追不舍，惊起水面至少 7 只红眼蟌四下逃窜。

蜻交尾多数在飞行中进行，雄性先抱住雌性头，然后伸进肛附器夹住后脑

蜻
蜓
与
豆
娘

降落的雌性也会被雄性夹住带走　飞行或降落中钩成环状交尾

左：混合蜓大多数都是雌雄异色
右：混合蜓雌雄同色可遇不可求

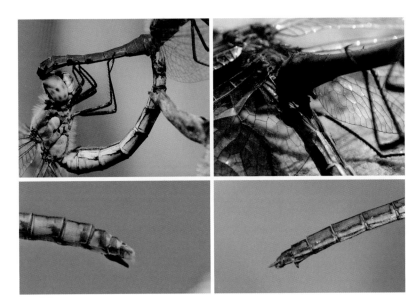

左上：长尾赤蜻交尾　　　　右上：普赤蜻交尾
左下：长尾赤蜻雌性产卵瓣　右下：普赤蜻雌性产卵瓣

　　长尾赤蜻和普赤蜻都是赤蜻属，近距离看它们，雌性的生殖器结构完全不一样；雄性的当然也不一样。其他赤蜻间的生殖器官有近似的就有可能引起杂交，如普赤、条斑、褐顶和大黄赤蜻之间，经常有夹错的现象。

钩尾方蜻交尾　　　　　　　雨林爪蜻交尾

大伪蜻和蜓类交尾时都喜欢狂飞到密林深处躲藏，
因此很难拍摄到它们交尾的画面。

左上：纹蓝小蜻交尾　　　　　左下：闪蓝丽大伪蜻交尾，躲进密林
中上：美国绿蜻交尾　　　　　中下：短斑白颜蜻交尾
右上：青铜伪蜻交尾，躲进树丛　右下：海神斜痣蜻交尾

异色多纹蜻空中完成交尾，用时不到 1 分钟便打开，雌性单独产卵，然后再交尾，罕见降落。

异色多纹蜻交尾时间短，一般不降落，降落可遇不可求

赤蜻属是个大家族，种类繁多，夏初就开始交尾，一直能够延续到秋末。一般交尾时间需要 10 ～ 20 分钟，交尾完毕连接点水产卵，过一会儿还会交合在一起，有的雌性打开后单独产卵，由雄性护卫，或者与其他雄性再次交尾。

半黄赤蜻交尾

大黄赤蜻交尾

左：普赤蜻交尾
右：秋赤蜻交尾

李氏赤蜻（雌性）交尾，褐色型　　　　李氏赤蜻（雌性）交尾，红色型

条斑赤蜻交尾

灰蜻属也是个大家族，种类繁多，整个夏季南北常见，秋季北方没有而南方的灰蜻依然活跃。由于种类繁多，属内常有杂交现象，所以常见到一些四不像的种类，目前尚不清楚是新种还是杂交种。

上：未知灰蜻交尾完毕，雌性马上就去产卵，雄性在上方护卫
下：未知灰蜻交尾

白尾灰蜻交尾

蜓科和蟌类交尾方式都是一样的，雌性产卵器插入雄性生殖器内。野外拍摄蜓类交尾不是件容易的事，碧伟蜓到处都有，可是很难追踪到它们交尾。拍摄蜓类要看运气，常常可遇而不可求。

吕宋灰蜻交尾

黑尾灰蜻交尾

粗灰蜻交尾，国内首次生态记录
于 2013 年 9 月

赤褐灰蜻交尾

碧伟蜓交尾

长痣绿蜓交尾

长腹春蜓交尾

鼎湖头蜓交尾

吉林棘尾春蜓交尾

并纹小叶春蜓交尾

蟌类寻偶较难找到规律，雄性通常没有固定领地或固定寻偶方式，能够拍摄到某些蟌交尾全靠运气。例如，杯斑小蟌群体较大，有时某一区域就能见到成百上千只，看样子多数已经成熟，但很难见到它们交尾。一般雌性成熟期滞后于雄性，未熟雌性一旦受到雄性骚扰就会钩起"尾巴"怒怼拒绝，雄性也会知趣而退。雌性一旦性成熟便出来主动寻找意中人。

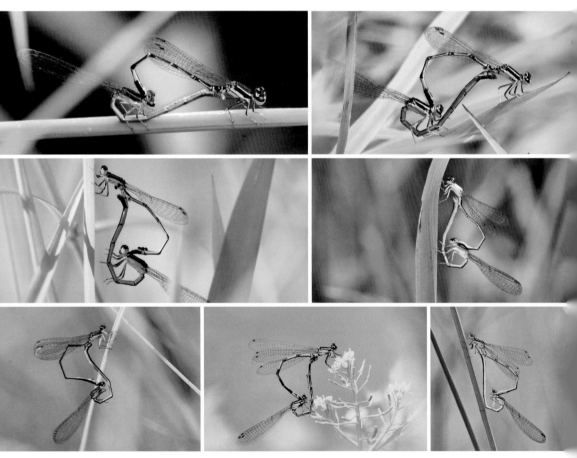

左上：蓝斑小蟌难得一见，栖息在底地湿地
左中：樽斑小蟌，雄性身上有寄生虫
左下：黑面绿背蟌交尾
中下：纤腹蟌交尾
右上：印度小蟌，栖息在（海拔 2000 米以上）高山湿地，雌性未成熟到成熟有多彩变化
右中：杯斑小蟌群体巨大，交尾难得一见
右下：盂纹蟌交尾

长叶异痣蟌群体巨大，多生活在长江以北地区，雌性多色，有橙、黄、蓝、绿、紫色，色彩变化很大。交尾时间长。一次野外考察，拍摄到交尾的一对，过了几小时返回时，交尾仍在继续。交尾后，雌性单独产卵。褐斑异痣蟌与长叶异痣蟌外观近似，雌性亦多色，主要生活在长江以南的广大地区。

上：长叶异痣蟌交尾（左：雌雄同色型，中：雌性黄色型，右：雌性橙色型）
中：长叶异痣蟌交尾（左：绿色型，右：紫色型）
下：褐斑异痣蟌交尾（左：雌性绿色型，中：雌性橙色型，右：雌雄同色型）

左上：赤斑异痣蟌交尾　　　中上：东亚异痣蟌交尾　　　右上：东亚异痣蟌交尾
左下：赤黄蟌交尾　　　　　中下：翠胸黄蟌交尾　　　　　（橙色型）
　　　　　　　　　　　　　　　　　　　　　　　　　　　右下：赵氏黄蟌交尾

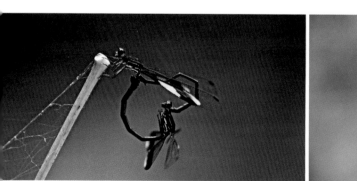

丽拟丝蟌交尾　　　　　　　　　蓝绿丝蟌交尾，国内首次记录生态
　　　　　　　　　　　　　　　照于 2013 年 9 月 3 日

左上：黄脊圣鼻交尾　　　中上：三斑阳鼻螅交尾　　　右上：赤基色螅交尾
左下：华艳色螅交尾　　　中下：多横细色螅交尾　　　右下：未知绿色螅交尾

日本色螅交尾　　　　　透顶单脉色螅交尾，色螅多是雌性单独产
　　　　　　　　　　　卵，雄性护卫

上：大溪螅交尾并非易事，要费尽周折才能成功

下：大溪螅身长约 70 毫米，身体粗壮魁梧，栖息在深山老林的溪流河畔

大溪螅交尾后，雄性离去，雌性休息 5 分钟后去水边单独产卵

错误连接交尾

　　同属蜻蜓找错对象是常有的事，从拍摄到的错误交尾画面看，都是不同类别的同属。例如，误配发生在伟蜓间、灰蜻间还有赤蜻之间，不管是靠眼睛观察还是靠气味吸引寻找配偶，有时也会失去准确性，因此同属间的蜻蜓存在杂交现象。有些蜻蜓种属难辨，或许就是杂交的产物吧。

　　错误连接交尾多发生在赤蜻属之间，普赤蜻与秋赤蜻、条斑、褐顶、大黄赤蜻等经常错误连接在一起。

普赤蜻与秋赤蜻错误连接交尾

　　错误连接交尾可能是雄性普赤蜻和条斑赤蜻造成的。雄性普赤蜻与条斑赤蜻时常很难分辨，问题大概就出现在这里，它们互相通婚本身就是杂交种，加上雄性又多，时常找不到对象，见到外观差不多的雌性就冲上去夹住对方，试图在空中交尾成环，尽管根据观察，

条斑赤蜻（雄性）与褐顶赤蜻交尾

普赤蜻（雄性）与褐顶赤蜻交尾

条斑赤蜻（雄性）与半黄赤蜻交尾

上：条斑赤蜻（雄性）与大黄赤蜻交尾
　　（王志明 拍摄）
下：普赤蜻（雄性）与大黄赤蜻交尾

白尾灰蜻雄性太多，会出现这种三只连接
在一起的现象

多数情况都无法成环，但雄性始终不肯放弃，夹住雌性不放。总而言之，赤蜻属不同种的蜻蜓有几十种之多，其中很多种的外观相似，非常容易混淆，有时蜻蜓专家也难分辩，可见其复杂性。

赤褐灰蜻与白尾灰蜻误配（贵州白尾灰蜻本身就很稀少，而赤褐灰蜻群体巨大）

蜻蜓点水

  蜻蜓交尾完毕后，雌雄连接产卵、雌性单独产卵或降落休息一会儿。蜻蜓点水广为人知，但该成语在使用过程中寓意发生了变化，比喻做事不认真、敷衍了事，而这里所说的蜻蜓点水是真正意义上的蜻蜓产卵。蜻蜓点水是常见的蜻蜓产卵现象，事实上很多蜻蜓是不点水产卵的。同样都是点水产卵(点水式或插秧式)，有的把卵产在水中草茎里；有的产在湍急的溪流中；有的产在树干或树枝上或草枝上（甚至误落到人的头上产卵，产卵器把人的头皮都能刺破）；有的用产卵器插入（水上或水下）植物茎中产卵；有的低空飞行投弹式产在草丛里，甚至一边飞一边"天女散花"；有的产在岸边的泥潭上；有的产在阴暗潮湿的石壁上；有的居然点在马蹄坑或雨后的小水坑里。总之，蜻蜓产卵五花八门，无奇不有。

黄翅蜻产卵点在水面上下结合部的草茎上，南方非常常见，北方则无

　　当然，那些地方离水边都很近，卵孵化后便于入水生存，因为蜻蜓的一生绝大多数时间是以稚虫水虿的形式在水中度过的。在池塘水中产卵都是选择水草丰厚的浅滩岸边，那里的水温最适宜卵孵化。

　　蜻蜓产卵有两种方式，有雌雄连接产卵，打开后雌性继续产卵，雄性在上空护卫以防其他雄性骚扰；也有雌性单独产卵，其中包括单独点水产卵，然后其他雄性再次与之交尾多次。

雌性红姻蜻在草丛浅水单独产卵，雄性红姻蜻在上方护卫

蜻蜓种类不同，卵的孵化期也各不相同，有第二天就孵化的，有 10 ～ 20 天孵化的，也有第二年才孵化的。把卵产在水面漂浮物上最容易快速孵化，特别是一半水上一半水下的树枝、草茎等，是许多蜻蜓最理想的产卵地点。

异色多纹蜻产卵点在水面漂浮的树枝或草茎上，在北方很常见，南方则少见

鼎脉灰蜻在南方是优势品种，越往北越少，东北没有。相反，东北的白尾灰蜻比比皆是，长江以南渐少，到了华南地区更加少见。

鼎脉灰蜻雌性单独点水产卵，雄性在上方护卫，防止其他雄性阑入

白尾灰蜻雄性护卫产卵

　　赤褐灰蜻在南方也是优势品种，越往北越少，东北没有。交尾几分钟后便打开，雌性在岸边浅水单独产卵，雄性则紧紧护卫，驱赶任何其他雄性。

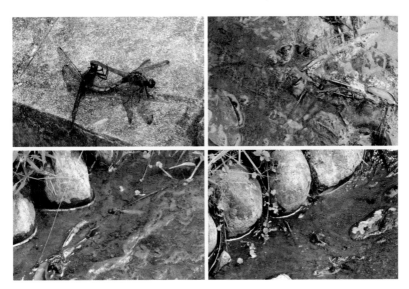

上：赤褐灰蜻交尾几分钟后立刻打开产卵
下：赤褐灰蜻雌性产卵，雄性护卫

云斑蜻雌性产卵，雄性护卫

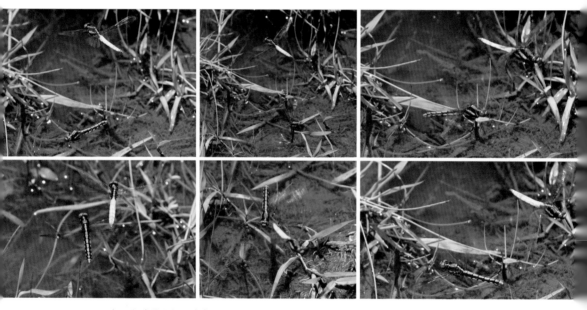

未知灰蜻雄性护卫产卵

　　很多蜻类点水产卵都是一次一粒或多粒，但当它们被抓获时会一股脑儿地把体内的卵全部排出，但也有许多蜻蜓不会这样，如闪蓝丽大伪蜻等。

　　闪蓝丽大伪蜻雌性寻找岸边水草较密的水域单独点水产卵，没有雄性护卫，此刻若被沿岸巡飞的雄性遇见，会再次与之交尾，完毕后雄性扬长而去，雌性再次来到水边，就这样反反复复。

闪蓝丽大伪蜻单独点水产卵

　　大多数赤蜻都是连接产卵，一次几枚频频点水，常常把卵产在有水草、青苔的水面或水边半湿润的石头上，有的直接产到水里。有些打开后，雌性继续产卵，雄性在上方护卫。少数赤蜻，如长尾赤蜻，是单独产卵，没有雄性护卫，把卵产在水塘边、杂草丛生的泥潭里，像大蜓一样插秧式产卵。

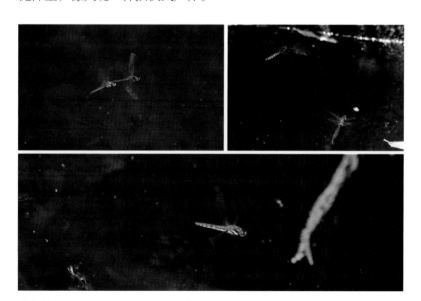

黄基赤蜻连接产卵，然后打开，雌性单独产卵，雄性护卫

蜻
蜓
与
豆
娘

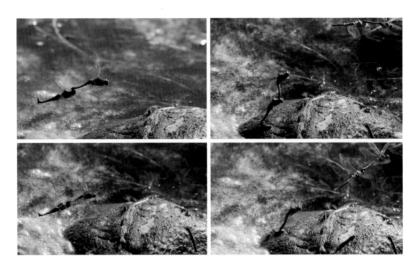

半黄赤蜻连接产卵，把卵产在半露水面的石头上，条斑赤蜻也来此凑热闹

普赤蜻连接产卵

大黄赤蜻连接产卵

赤蜻产卵多集中在 8—9 月，早期产的卵会孵化出稚虫。实验表明，东北一些赤蜻 9 月以后产的卵，当年不会孵化，第二年春天才孵化。

9 月条斑赤蜻连接产卵

到了 11 月 1 日，条斑赤蜻仍然在水面上产卵

竖眉赤蜻连接点泥产卵

　　竖眉赤蜻喜欢在半湿草丛下的泥潭上产卵，这时躲在草丛下的青蛙会突然跃起吞食它们。有时草丛里蜘蛛网密布，来此产卵的蜻蜓无论大小经常成为蜘蛛的美餐。水虿吃蝌蚪、蜘蛛，青蛙、蜘蛛反过来吃蜻蜓，这是大自然相生相克的巧妙安排，使得深入研究探讨昆虫世界也变得妙趣横生。

李氏赤蜻雌雄起初连接产卵，然后分开，雌性再单独产卵，雄性则在上方护卫，绝不允许其他雄性靠近，直到产卵完毕，它们才各自离去。李氏赤蜻产卵像飞机投弹一样，在空中一枚一枚点卵，把卵产在水塘附近的杂草丛中，有时投在离水较远的草丛中。

　　李氏赤蜻雌性有两种色型，一种是褐色型，另一种是红色型，两者产卵方式都是一样的。

上：李氏赤蜻连接产卵，打开后雌性单独产卵，雄性护卫
下：李氏赤蜻雌性有两种色型，一般连接产卵，然后雌性再单独产卵，产卵方式都是空中投蛋，把卵投到水边草丛中

褐顶赤蜻同样使用投蛋式把卵撒播在草丛里，有时点播于漂浮在水面的青苔上。这一点与李氏赤蜻产卵方式极其相似，它们产的卵都是来年孵化。它们的长相也有共同点，都带有黑翅端，尤其李氏赤蜻褐色型雌性与褐顶赤蜻雌性几乎没什么两样，只有它们自己才分辨得清楚。

褐顶赤蜻产卵，这片草坪绿地距水域很远

6 月下旬碧伟蜓产卵的池塘水面风平浪静，可没有找到对象的雄性流浪汉如饥似渴地逛来逛去寻找目标。正在产卵的碧伟蜓时常遭到高空或超低空的猛烈袭击。可恶的背后袭击也接踵而来，目的明确，就是抢妻，雄性只好携妻逃窜。

碧伟蜓连接产卵，遭遇到其他雄性的轮番攻击，甚至白尾灰蜻也前来捣乱，被打散后，雌性单独产卵

雄性流浪汉又过来，险些把雌性打入水下，雄性气不过就追击流浪汉去了。剩下雌性留在水面，单独产卵，没有了保护，被又一个试图强暴的坏蛋打落水，再也飞不起来。这样的故事年复一年地演绎着。

　　护卫产卵的雄性不惜一切代价拼命反击雄性流浪汉，它们缠斗在一起，难辨又一只的存在。

碧伟蜓雌单独产卵　　　　　　　　　　被雄性流浪汉击落水中

黑纹伟蜓单独产卵（没有雄性护卫），期间遭遇另外雄性夹走，再次交尾

琉璃蜓单独产卵（没有雄性护卫），通常选择漂浮在水面的枝干产卵，偶尔也会潜水较深处，多在比较隐蔽处，以防干扰，然后再次与其他雄性交尾

长痣绿蜓在水上植物茎中产卵（温雨川 拍摄）

上：混合蜓与琉璃蜓的产卵方式一样（没有雄性护卫），然后多次交尾
下：裂唇蜓、大蜓都是插秧式直上直下，把卵产在泥沙中（张浩森 拍摄）

　　春蜓都是单独点水产卵，春蜓类没有产卵管，在降落或飞行过程中把卵排出一部分，然后依次点在湍急溪流的不同地方。也有在草丛中产卵，一次一粒或几粒的。

暗色蛇纹春蜓排卵（王志明 拍摄） 海南环尾春蜓产卵前都要排出一小团卵，
一团一团产卵点到流水溪流中

豹纹副春蜓一团一团产卵

上：艾氏施春蜓雌性产卵，雄性在上方护卫，驱赶来犯者
下：艾氏施春蜓一枚一枚产卵，把卵产在小水潭中

吉林棘尾春蜓投蛋式把卵产在水边草丛中，一枚一枚产卵（没有雄性护卫）

　　蟌科的多数连接产卵，用产卵管产在水下植物里，有的在水上植物茎中产卵，也有的在水面浮萍或水草上产卵，还有的潜入水下较深的水草上产卵。有的只有雌性潜下，几分钟后雄性将雌性拉出水面；有的竟双双潜到水下，再沿草茎爬出水面。蟌的种类繁多，产卵方式也是千差万别。

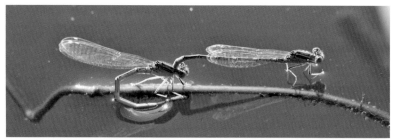

上：隼尾蟌产卵
下：捷尾蟌产卵

上：捷尾螅把卵产在水下草茎中，有时产在小荷叶下

下：叶足扇螅产卵

　　巨齿尾溪螅产卵很有趣，它们常常成群结队地排在一起在溪流漂浮的枝条上连接产卵，甚至跑到有泥巴的地上产卵。

左：巨齿尾溪螅在泥土里产卵

右：巨齿尾溪螅在溪流漂浮的枝条上产卵

多数蟌科都是连接产卵直至产卵完毕,但也有许多种类(如色蟌、鼻蟌等)是雌性单独产卵,雄性在一旁护卫,以防其他雄性再次与之交尾,以保证自己的基因传承下去。有些雌性蟌交尾完毕后,如果再与其他雄性交尾,后者能够清除雌性储精囊里前一雄性的精子,然后再射入自己的精子。所以,这些雄性蟌会拼命保护自己的劳动成果不被侵犯。

下图中可以看出雄性残缺不全的肢体,雌性也少了一条腿,想必之前必经一场恶斗,还好缺肢少腿并不影响交尾繁衍后代。

上:华艳色蟌单独半潜水产卵,雄性护卫

下:赤基色蟌雌性单独产卵,喜欢把卵产在漂浮在水面浸水的朽木中,雄
　　性在一旁护卫

日本色蟌雌性单独产卵，雄性护卫

三斑阳鼻蟌雌性单独产卵

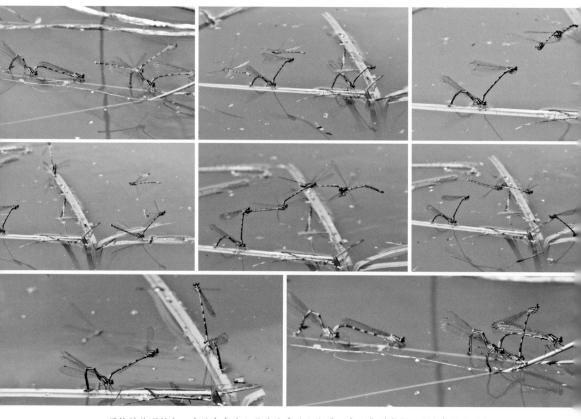

黑格螅体型较大，生活在东北山区溪流旁的小水潭，喜欢集群产卵，其实都是为了占领最佳产卵地，有时为了一片草叶草枝也互不相让，落单的雄性找不到对象就来这里寻衅滋事，伺机强抢别人的新娘

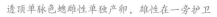

透顶单脉色螅雌性单独产卵，雄性在一旁护卫

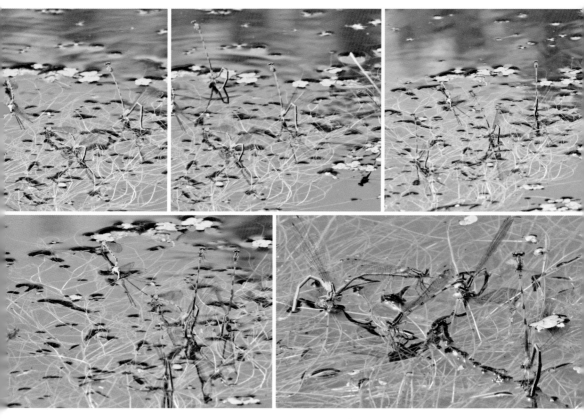

矛斑螅体型较大，生活在东北平原地区水草众生的水塘，喜欢集群产卵

红眼螅等潜水产卵，有时水草离水面深，雌性不得不冒险全身潜入水下产卵，产卵完毕，
雄性再把雌性拖出水面

螅的产卵管虽然细小但也很厉害，能把草茎坚硬的外皮戳破把卵产在里面，以保护卵的成活率。下图可以清楚看到螅的产卵管的威力，就像钻头一样。草茎划破的好多地方都是螅产卵留下的痕迹。草茎被划破，里面会渗出液体然后排出卵粘在上面。目前尚不清楚卵是在草茎里孵化落到水里还是草茎倒伏在水里卵再孵化。推测多半情况应该在水里，第二年春季孵化，因为丝螅出现的季节较晚。

　　丝螅类都有类似的习性，并非把卵直接产在水里，而是水面之上；蜓类也有这类现象，沃氏短痣蜓会把卵产在大树干的树皮里。

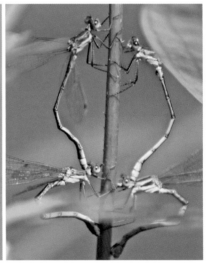

桨尾丝螅把卵产在水上草茎中

蓝绿丝螅在树干上产卵（温雨川 拍摄）　足尾丝螅单独产卵

丽拟丝螅在探出水面的干枝条上单独产卵　丽拟丝螅的尾端有 1 枚卵排出来

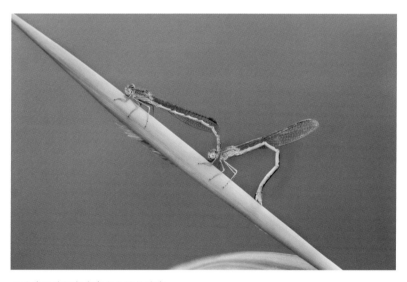

三叶黄丝螅把卵产在水上植物茎中

　　下面看看蜻蜓卵的样子，3 滴水里各有 1 枚蜻蜓卵，我们可以一目了然看清它们的外观大小形状。蜻蜓的卵只有两种形状，即椭圆形和香蕉形。椭圆形的卵放大看与鸡蛋一样；香蕉形的卵与香蕉形状差不多。差翅亚目的蜻总科、大蜓科、裂唇蜓科、春蜓科中所有种类的蜻蜓产下的卵都是椭圆形的；具有锋利产卵器的均翅亚目的螅类和蜓科的蜻蜓产下的卵都是香蕉形的。

一般怀有椭圆形卵的蜻蜓产下的卵较多，少则几百枚，多则几千枚；怀有香蕉形卵的蜻蜓产下的卵较少，一般只有百八十枚，多也不足二百枚。

　　黄蜻总是耐人寻味，它们到处产卵，时常产在大马路上或轿车顶棚盖上。它们的繁殖能力是蜻蜓中最强的，产在水里的卵第二天即可孵化。

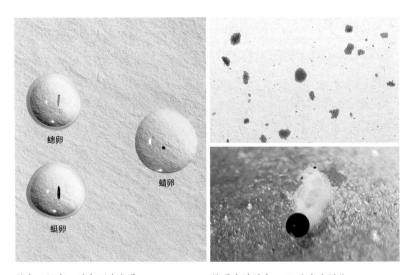

蟌卵、蜓卵、蜻卵形态各异　　　　　　竖眉赤蜻的卵，30 天左右孵化

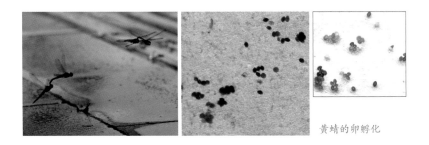

黄蜻的卵孵化

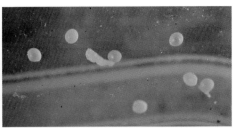

长尾赤蜻的卵　　　　　李氏赤蜻的卵

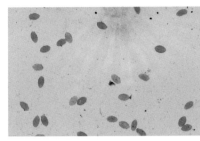
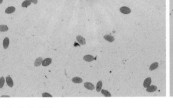
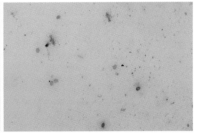

闪蓝丽大伪蜻的卵　　　　　吉林棘尾春蜓的卵（1 周后孵化出稚虫）

　　弯刀形产卵器由 4 片构成，中间具凹槽，有的较长，长过第 10
腹节，有的稍短。产卵器插入植物内，卵经由凹槽排出，然后打开
2 片产卵器将一端有尖的卵植入，每次只能产卵 1 枚，有的植物太硬
无法插入就产在表面。具有这样产卵器的蜻蜓产下的卵都是香蕉形，
产卵的总数量有限，而前面产下椭圆形的卵是一到多枚，甚至一团
几百枚，更有甚者一次产下几千枚。

1 枚卵

左：碧伟蜓的产卵器
右：覆雪黑山螅的产卵
　　器中间夹有 1 枚卵
　　（温雨川 拍摄）

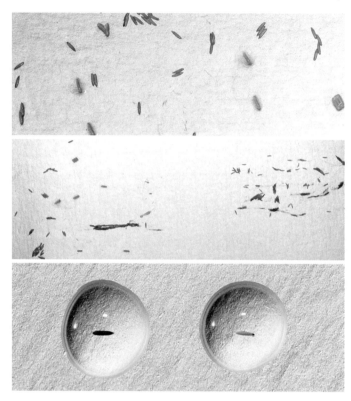

上：混合蜓的卵

中：左边混合蜓的卵与右边蓝绿丝螅的卵对比，大小有差距但并非很大

下：左边混合蜓的卵与右边蓝绿丝螅的卵放在一滴水中对比，混合蜓的卵
　　略粗壮一些

琉璃蜓的卵

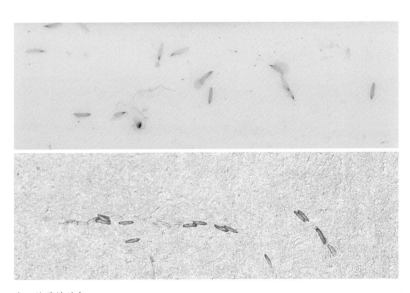

上：左图能够清楚看出产卵器分开四半，右图由于水面漂浮树枝过硬产卵器无法插入，只好产在表面，多数情况蜻蜓会选择朽木或水草将卵产在里面

下：捷尾螅用产卵器刺破水面下浮萍表皮将卵产在里面

上：捷尾螅的卵

下：东亚异痣螅的卵

黄色的是吉林棘尾春蜓的卵、绿色的是闪蓝丽大伪蜻的卵、白色香蕉形的是捷尾螅的卵。闪蓝丽大伪蜻身长比吉林棘尾春蜓长近1倍，但它的卵是最小的，而捷尾螅的卵并不是太小，直径足有1毫米多。可见，蜻蜓卵的大小并非依据蜻蜓体积大小而定。

吉林棘尾春蜓的卵黄色，闪蓝丽大伪蜻的卵绿色，捷尾螅的卵白色

条斑赤蜻的卵，单枚卵直径约 0.5 毫米

卵的孵化过程：1个月左右开始零星孵化出稚虫，其他大多数卵不会紧随其后孵化，可能3～5天后，也可能1～2个月后，或许有的会迟育到来年。

下面3枚卵，其中1枚裂开稚虫破壳挣脱出来，似乎身体还没有展开就准备几分钟后开始第1次蜕皮。可以说出生后脱掉胎衣，蜻蜓的神奇世界此刻也就拉开序幕。下面是卵出壳后经历第1次蜕皮的全过程。

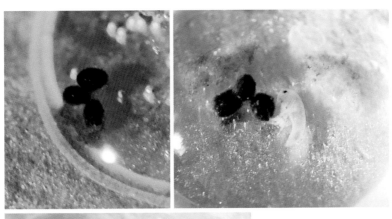

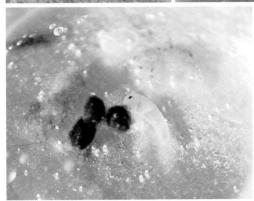

上：3枚卵中的1枚裂开，稚虫爬了出来，此刻身长约1毫米，不经意很难见到它的存在

下：刚刚出生的稚虫蜷缩的身体渐渐打开

蜻蜓与豆娘

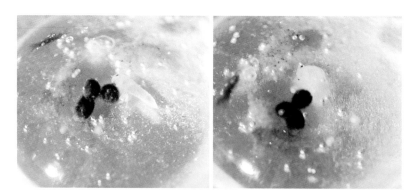

身体刚刚伸直，足还没有完全打开，第 1 次蜕皮的序幕就拉开了

刚出壳的稚虫就需脱掉胎衣，这并非易事，需要折腾好一阵子

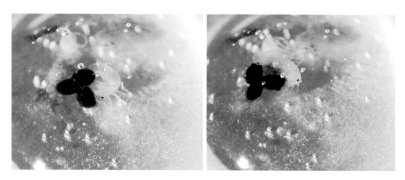

终于就要摆脱胎衣脱胎换骨了

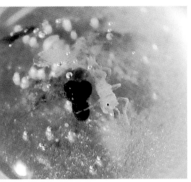

最后抓牢攀附物用力一甩，一个新生命长大了一岁，称为二龄虫

孵化后第 1 次蜕皮成功，此刻身长 1 毫米左右，没有任何抵抗能力，只能任人宰割、听天由命，能够活下来的注定都是强者

　　头和两前足首先出来，接着两中足出来奋力往外挣脱。由此可以想象，微观世界的生命没有父母的呵护，生来就要靠自己拼搏成长，有的不幸瞬间就被吃掉了，能够羽化成功都是优胜劣汰的结果，都是生命的强者。看看危机四伏的水下世界：

　　1. 水中有专门吃鱼卵、虫卵为生的小鱼；

　　2. 十多次蜕皮，每次都面临被捕食的危险；

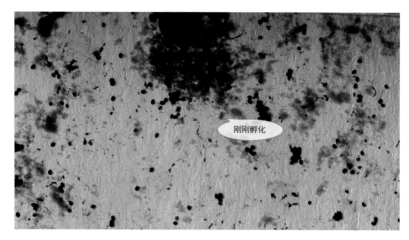

刚刚孵化

卵孵化后第 2 天，稚虫水虿的颜色由白色透明变成浅褐色

3. 羽化时出不来被憋死，或出来后身体有各种残疾（有残疾注定不能成活）；

4. 羽化后身体柔弱，极易遭到天敌甚至同类成虫的捕食攻击；

5. 成虫阶段同样会遭到如鸟类、青蛙、蜘蛛、食虫虻以及同类大型蜻蜓的捕食；

6. 交尾产卵时会遭遇青蛙、鱼类捕食。

可见蜻蜓的一生是多么坎坷！但蜻蜓是地球最古老的物种之一，亿万年来它们见证了无数物种的灭绝，而它们依然生机勃勃，不能不说是一个生命的奇迹！

一大堆卵，从第 1 只孵化算起，20 天过去了，其他的卵孵化仍在继续。这个小生命刚刚经历了孵化后的第 1 次蜕皮，留下的胎衣蜕全身洁白，没有一点瑕疵，稚虫也一样洁白无瑕，除了一双黑黝黝的眼睛炯炯有神警觉地环视周围的世界。此刻的它，身体微小柔弱，没有任何抵抗能力，就连水蚤都敢来欺负它。水中世界到处充满杀机，尽管稚虫水虿也是水中杀手，但成长过程需要蜕皮约 10 次，每次都要经历生与死的严峻考验。

捕猎

　　蜻蜓的飞行能力名列昆虫之首，时速最高可达 35 千米。有此高超本领，蜻蜓一天能够吃掉成百上千只蚊蝇，蝴蝶、蛾子、飞行的蝗虫都是它们的美味佳肴，有时它们也互相残杀以大吃小。

　　蜻蜓享有昆虫顶级杀手美誉，人们经常称之为益虫，事实上是一种误解。大自然造就世上万物，每种生物在生物链中都有其不可替代的作用，它们相互影响、相互制约，这种影响和制约有时是间接的。保护益虫消灭害虫这种老观念不妥，那就等于最后都被灭绝，我们真正要保护的是整个生态环境，而不是单一某些物种。试想一下，如果动物世界只有蜻蜓和大熊猫，这个世界不知该有多么乏味！

　　我们蜻蜓迷也可以说蜻蜓狂，到了野外，常常眼里无物只有蜻蜓，若发现一只新种会亢奋到癫狂状态。有时见到蜻蜓落入蜘蛛网，会毫不迟疑地解救，现在渐渐感觉到是种错误，这是在剥夺蜘蛛的生存权，不利于保护生物多样性。顺其自然吧，不要人为打破自然界的生态平衡。

　　黑尾灰蜻和狭腹灰蜻都是吃豆娘能手。虽然豆娘也是捕食小昆虫或同类的肉食昆虫，但有些螅类身体纤细飞行速度缓慢，最快时速才能达到 10 千米，极易遭到其他高速飞行蜻蜓的攻击，所以也经常成为其他蜻蜓的美餐。

黑尾灰蜻捕食豆娘

狭腹灰蜻捕食豆娘

上：莫氏大伪蜻捕食黑尾灰蜻
下：圆大伪蜻捕食日本色蟌

　　飞行捕食是蜻蜓的强项，降落就毫无办法，只能腾空飞起再去
捕捉。很多豆娘更喜欢飞行点击捕食草丛中爬行的小昆虫或小蜘蛛。
下图扁腹赤蜻刚准备好出击，那边苍蝇感觉不妙转过头来逃之夭夭，
扁腹赤蜻只能眼巴巴地看着苍蝇飞走。

蜻蜓不会爬行捕食，有些苍蝇、小虫在眼前爬过时，蜻蜓必须起飞对付。蜻蜓在避开蜘蛛网的情况下，时而也能捕食网上的蜘蛛。

扁腹赤蜻雌性遇到眼前降落的苍蝇，目不转睛地盯着

雌性白尾灰蜻捕获 1 只赤蜻

左上：异色多纹蜻　　　　中上：条斑赤蜻　　　　右上：锥腹蜻

左下：竖眉赤蜻　　　　　中下：普赤蜻　　　　　右下：大黄赤蜻

雄性白尾灰蜻捕获 1 只蝴蝶　　　　联纹小叶春蜓捕获 1 只较大的蜘蛛

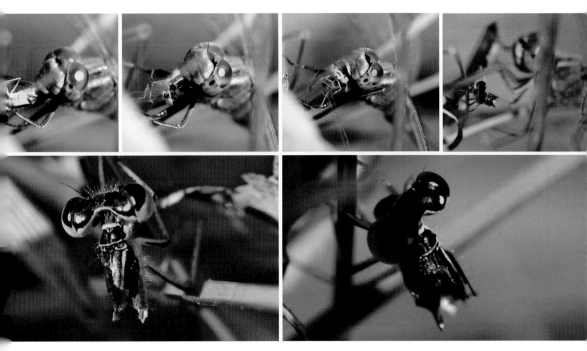

上：普赤蜻雌性捕食东亚异痣蟌
下：普赤蜻吃饱喝足离去，可怜的东亚异痣蟌就只剩下头和半截身子，但仍顽强逃出虎口

帕维长足春蜓十分凶悍，吃掉豆娘不在话下，连比自己小不了多少的鼎脉灰蜻也照吃不误

蟌虽小，食量可不小，捕食蚊蝇、蛾子不在话下，偶尔也捕食同类。蟌类不但能够捕食飞行的小昆虫，也能捕捉不会飞行的各种小虫。蟌在飞行中看准目标猛地冲上去抓住飞起，然后降落享用美食。

东亚异痣蟌捕食　　　　　　　　　足尾丝蟌捕食

矛斑蟌捕食（左：雌性，右：雄性）

长叶异痣蟌捕食　　　　　　　　　红眼蟌捕食

咦，那里好像有异物，伸出前爪探一探　　　1只小蜘蛛跳出来

捕食精彩瞬间　　　嗯，小蜘蛛的味道真不错

这只降落的豆娘发现眼前有1只小蜘蛛爬来爬去，它已经饥肠辘辘，便盯紧猎物伸出前爪探一探虚实，然后做好攻击准备，最后如愿以偿

褐斑异痣蟌蚕食未熟杯斑小蟌

长叶异痣蟌蚕食比自己还大一些的未熟叶足扇蟌

这只被蚕食的叶足扇蟌雌性显然刚刚羽化，但有一翅没有完全打开，影响飞行能力，
难逃厄运

分布与迁徙

　　有些蜻蜓从黄河以北到长江以南的广阔区域都能见到，它们的稚虫北顶严寒，南耐酷暑，南北通住，甚至从东北到两广云贵都能见到。例如：闪蓝丽大伪蜻；黄蜻、玉带蜻、竖眉赤蜻、李氏赤蜻、黄基赤蜻、方氏赤蜻、姬赤蜻、褐顶赤蜻；碧伟蜓、黑纹伟蜓、大团扇春蜓；东亚异痣蟌、叶足扇蟌、捷尾蟌、隼尾蟌、蓝纹尾蟌、黑色蟌、透顶单脉色蟌；等等。这些种类当中有的南北方都常见（碧伟蜓、黄蜻等），有的南方常见北方少见（斑伟蜓、透顶单脉色蟌等），有的北方常见南方少见（白尾灰蜻、异色多纹蜻、李氏赤蜻等），有的南北方都不常见（黄基赤蜻、黑色蟌等）。蜻蜓分布对研究蜻蜓的演化、进化、迁徙都有重要参考价值。

　　南北气候两重天，东北的水虿要在三尺冰层之下越冬，广东、云南根本不结冰，所以水虿羽化要比东北提前好几个月。那么南北共有的蜻蜓之间究竟是什么关系？大团扇春蜓、闪蓝丽大伪蜻、玉带蜻、黄蜻在海南和东北都常见，难道就像黑龙江人可以到海南生活，海南人到黑龙江照样繁衍生息？总之，蜻蜓世界有无数谜团等待解开。

　　一些蜻蜓有迁徙的习性，如黄蜻、皇蜓等翅宽大，借助季风具备长途飞行的能力。黑暗色蟌、东亚异痣蟌，东北有分布，华南也有，前者种群数量不多，后者种群数量很庞大，它们是否也迁徙目前尚无定论。有记录显示，北美皇蜓乘季风越过大西洋向欧洲迁徙。国外研究人员使用微型跟踪仪器测得黄蜻由我国华南迁往印度，再漂洋过海到达北非，最终抵达南非。有人猜测，这些黄蜻来自西伯利亚，进入中国东北，再迁徙到华南，如果是真的话，我们可以清晰看出黄蜻由北到南的迁徙路线图。虽然关于蜻蜓迁徙，在学术界还有争论，

左：大赤蜻（上：雄性，下：雌性），北方的黑翅端明显大于南方的
右：大赤蜻雄性面部，右上成熟、右下雌性未熟

但每年夏季我国各地常见铺天盖地的黄蜻由北向南沿着同一方向大规模迁飞，黄蜻迁徙已成不争的事实。

　　大赤蜻指名亚种，学名 *Sympetrum baccha baccha* (Selys, 1884)，已知分布于河南、安徽、浙江、福建、贵州、四川、湖南、江西、台湾和广东，少见。南方的黑翅端明显小于北方的。**大赤蜻褐顶亚种**，学名 *Sympetrum baccha matutinum* Ris, 1911，已知分布于黑龙江和吉林等，少见。大赤蜻两个亚种南北分布，似乎迁徙早已停止，逐渐分化。另外，具有黑翅端的李氏赤蜻也是南北都有分布，同样北方的黑翅端明显大于南方的。

竖眉赤蜻指名亚种，学名 *Sympetrum eroticum eroticum* (Selys, 1883)，主要分布在东北和华北地区，包括黑龙江、吉林、辽宁、内蒙古、北京、河北、山西、山东和河南，常见。**竖眉赤蜻多纹亚种**，学名 *Sympetrum eroticum ardens* (McLachlan, 1854)，按照地理区划，本种划分为东洋界种群亚种，广泛分布在安徽、湖北、湖南、四川、重庆、云南、贵州、浙江、福建、广东和台湾。上述两种竖眉赤蜻同样南北分布，似乎迁徙早已停止，逐渐分化，外观也产生一定差异。

竖眉赤蜻（左：雌性，右：雄性）

赤褐灰蜻中印亚种，学名 *Orthetrum pruinosum neglectum* (Rambur, 1842)，南方广泛分布，常见。现在有渐渐向北扩散的趋势。

　　此外，晓褐蜻、锥腹蜻、蓝额疏脉蜻和黄翅蜻也广泛分布于南方，近年北京也陆续有零星发现，说明这些蜻蜓由南向北逐渐迁徙扩散。

赤褐灰蜻（上：雄性，下：雌性）

晓褐蜻（左：雄性，右：雌性）

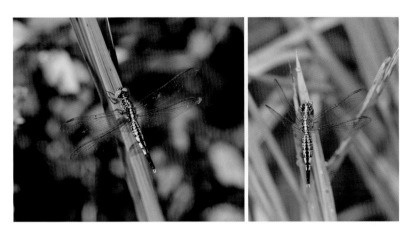

锥腹蜻（左：雄性，右：雌性）

上：蓝额疏脉蜻（左：雄性，右：雌性）
下：黄翅蜻（左：雄性，右：雌性）

异色多纹蜻、白尾灰蜻是北方优势品种，目前也有逐渐向华南扩散的趋势。

异色多纹蜻（左：雄性，右：雌性）

白尾灰蜻（雌性）

闪绿宽腹蜻（左：雌性，右：雄性），从东北到海南的广大地区都有分布，但多数地区并不多见

玉带蜻（左：雄性，右：雌性），从东北到海南的广大地区都有分布，但东北地区并不多见

闪蓝丽大伪蜻，学名 *Epophthalmia elegans* (Brauer, 1865)，云南和海南的热带区域全年可见，飞行期向北逐渐缩短和延迟，广东地区 2—11 月可见，东北地区 5—9 月可见。这种蜻蜓不喜欢聚群，喜欢在宽阔水面边的较大区域来回巡飞寻找配偶。根据多年观察发现，当地有大量羽化后的蜕皮，但见不到成虫，说明该种羽化后迁徙到

异地交尾产卵。闪蓝丽大伪蜻体型较大,完全具备长途迁徙的能力,它们的广泛分布也说明它们在迁徙,但究竟如何迁徙目前依然还是个谜。

上:贵州的闪蓝丽大伪蜻(左:雄性,右:雌性)
下:吉林的闪蓝丽大伪蜻(左:雄性,右:雌性)

　　有些蜻蜓从不迁徙,如东北的白颜蜻、粗灰蜻、青铜伪蜻、圆大伪蜻、琉璃蜓、日本色蟌、杯纹蟌、蓝绿丝蟌等。南方不迁徙的蜻蜓更多,不胜枚举,如鼎湖头蜓、高砂虹蜻、克氏古山蟌等。

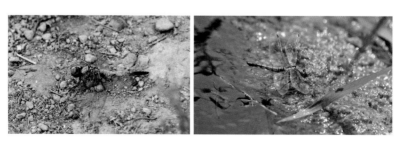

粗灰蜻(左:雄性,右:雌性),只有吉林能够见到

青铜伪蜻（左：雌性，右：雄性），只有东北才有

　　事实上，这部分蜻蜓分布栖息在一定区域，独来独往似乎与世隔绝，离开这一区域就很难寻觅到它们的踪迹。

高砂虹蜻（左：雄性，右：雌性），栖息在华南部分地区

此外，海南还有 20 多种独有品种，这也足以证明它们根本就不迁徙。闪绿宽腹蜻，海南有，东北也有，这并不能说明它们远隔千山万水来回迁徙。

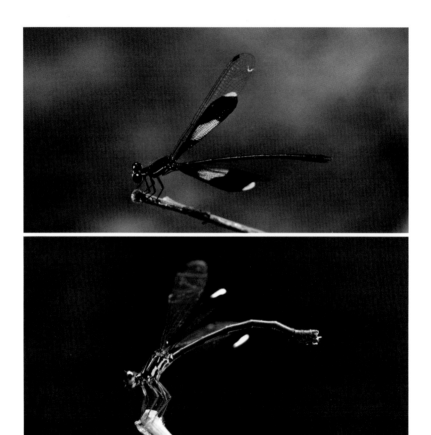

丽拟丝螅（上：雄性，下：雌性），海南特有，全世界独一无二

　　碧伟蜓，从东北到华南广泛分布，海南有零星分布。在广东，4 月有大量碧伟蜓羽化，羽化后它们大多数消失得无影无踪，极少见到它们交尾、产卵，估计向北方迁徙了。到了 9—10 月却能够见到许多碧伟蜓交尾产卵，但见不到羽化情形。这说明碧伟蜓确实在迁徙。

在东北，5 月中旬青草刚刚发芽，天气依然很凉，河水冰冷，此刻就有少量碧伟蜓光顾水塘边巡飞求偶，它们既有当地羽化的，也有异地迁徙而来的。大规模交尾、产卵在 6 月中下旬和 7 月上旬。到了 9 月，东北经常见到大量未熟碧伟蜓在某一区域聚群飞行，几天后整体消失，剩下的零星可见。

根据身体构造，蟌类很难大规模远距离迁徙，有些蟌从东北、华南都有分布。黑暗色蟌广泛分布，已知分布于黑龙江、吉林、辽宁、北京、陕西、四川、贵州、河北、山西、山东、河南、江苏、湖北、湖南、浙江、福建、广西、广东和海南，但各地种群数量都不是很大。蜻蜓迁徙谜团重重，我们目前对它们了解甚微，知道的仅仅是表象，有待于科学工作者进一步研究给出答案。

碧伟蜓（左：雌性，右：雄性），全国广布

黑暗色蟌（左：雄性，右：雌性）

归宿

蜻蜓的寿命

蜻蜓与之前稚虫水蛋比起来，寿命相对短暂得多。变成美丽蜻蜓后的寿命也千差万别，多数豆娘完成繁育后代后还能继续存活最少约 1 周、最多约 2 个月；蜻、蜓完成繁育后代后还能继续存活最少约 12 天、最多约 80 天。蜻蜓的寿命不能一概而论，取决于种类在未熟期所处的环境条件变化。

北方最常见的小斑蜻 5 月下旬开始羽化，一直活跃到 7 月下旬；碧伟蜓在 5 月下旬到 10 月中下旬；矛斑蟌整个 6 月为最活跃期，羽化、交尾、产卵，7 月初就开始少见，紧接着整体消失不见踪迹。南方最常见的纹蓝小蜻、赤褐灰蜻、闪蓝丽大伪蜻、大团扇新叶春蜓、褐斑异痣蟌等，在较温暖的区域几乎全年可见。

以下两个为非正常死亡图：

条斑赤蜻（雄性）

大黄赤蜻（雄性）

　　蜻蜓出水羽化成熟后的首要任务就是产卵，以完成繁殖后代的最后使命。多数蜻蜓羽化成熟后就地择偶产卵，有的则前往异地产卵，产卵后离开水域不知所踪，因此寿命的长短也难下定论。北方夏末秋初的季节，蜻蜓产完卵生命周期就快走到尽头了。有人说最多还能活 2 周，当然这只是猜测，因为跟踪蜻蜓是极其困难的。

　　蜻蜓的生命周期与稚虫期相比是如此短暂，令其热爱者深感遗憾。这就是大自然瑰丽的魅力，好花不常开，好景不常在，一年一度最美丽的蜻蜓与它们的前半生相比也如昙花一现。

　　有的蜻蜓羽化后如果翅没打开就意味着死亡即将来临；有的成功羽化，可是还没来得及交尾、产卵便一命呜呼；有的正值青壮年就弃尸荒野，没人知道究竟是什么原因造成的。

　　有的蜻蜓交尾时翅就都有残破，很有可能它们是经过长途跋涉异地迁徙而来，总之，交尾、产卵后它们的时日就不多了。这里引出一个有趣的话题：蜻蜓找对象也门当户对，翅残破找翅残破的，很少见到一只完美无瑕的蜻蜓和另一只翅残破的交尾。豆娘翅残破的现象倒是少见，首尾脏兮兮的很常见，如果不是污染原因，就是它们的生命即将走到尽头。

下图蜻蜓翅残破不堪，深秋的北方，很多蜻蜓忙于交尾、产卵。这时它们年迈体衰，翅已残破，捕食能力大大下降，死亡离它们也就不远了。

左上：秋赤蜻（雄性）　　中上：扁腹赤蜻（雌性）　　右上：秋赤蜻（雌性）

左下：普赤蜻（雌性）　　中下：普赤蜻（雌性）　　右下：混合蜓（雌性）

混合蜓交尾

桨尾丝蟌（雌性）

蜻蜓的寿命依种类各自不同，同属的也不一样。比如，条斑赤蜻的飞行期为 4 个月，即 7—10 月，到了 9—10 月依然有刚刚羽化的。也就是说 10 月羽化的，生命最多维持 1 个月；而 7—8 月羽化的，也不能说明最初羽化的飞行期就能达到 4 个月。养殖稚虫过程发现，同一批卵孵化的时间长短相差 1 ~ 2 个月，也就是说最后一只孵化比第一只孵化要晚近 2 个月，野外自然亦如此，所以它们的生命周期显然不一样。我们不能说一只蜻蜓飞行期为 4 个月它就能活 4 个月。

落水身亡

特别是到了深秋，池塘水面死亡的蜻蜓尸首多了起来，其中有很多原因。此刻很多雄性蜻蜓还在忙于争夺交配权，有的拼尽全力争夺配偶却不慎落败入水，再也飞不起来，生于斯死于斯；争到雌性的开始连接点水产卵，没争到的雄性不服输前去抢夺、骚扰，造成连接的一对双双落水殒命；有的连接产卵时，雄性竟把雌性全身按到水下使之溺水身亡；还有很多此刻早已年迈，翅破损严重，飞行能力大打折扣，一不留神落水便魂归故里。蜻蜓落水还有个重要原因，即水中的丝丝青苔就像蜘蛛丝一样，被它缠住将性命难保，特别对那些需要把产卵管插入水下的蜓科蜻蜓来说更加危险，点水蜻蜓点错地方立刻就被挂住，总之只要蜻蜓身体与水面接触便有被挂住拉下水的危险。

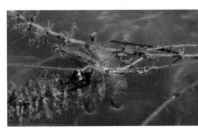

半黄赤蜻（雄性）打斗落水　　　　　普赤蜻（雌性）产卵落水

北方深秋时节，蜻蜓产卵传宗接代已经到了机不可失时不再来的时刻，所以水面一对对连接的蜻蜓争先恐后选择最佳地点点水产卵。这样落水蜻蜓渐渐增多，经常见到水面蜻蜓有的早已命丧黄泉，有的刚刚落水还在水面拼命挣扎。

碧伟蜓、混合蜓、普赤蜻都是雌性产卵时相继落水

黑暗色螅（雄性）落水后拼命挣扎无济于事

秋赤蜻（雄性）

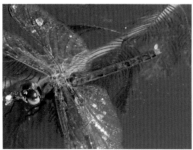

秋赤蜻（雌性）

白尾灰蜻（雌性）

上：白尾灰蜻、混合蜓溺水身亡，没有了生命迹象

下：赤蜻落水

碧伟蜓 　　　　　红蜻 　　　　　褐顶赤蜻

矛斑蟌

疾病缠身

上：碧伟蜓羽化后前翅粘连，无法打开就不能飞翔
下：条斑赤蜻1翅没有打开（左），红蜻腹部扭曲（右）

　　生老病死，蜻蜓也不例外，它们常常会生病。5月中下旬北方
天气有时风大而且很凉，蜻蜓刚刚羽化时身体柔弱可能会被冻死。
诸多环境因素影响导致羽化失败：一种是翅没有打开，不能飞翔也
就无法捕食，结果被活活饿死；另一种是腹部畸形残疾，虽然带来
不便，倒是不影响生计，但腹部扭曲厉害就可能影响繁育后代。还
有些蜻蜓身体染上其他昆虫的寄生虫疾病，看上去它们一定不舒服，
但还好不影响捕食、交尾、产卵。折一羽翼、翅残损、肢体残缺、
复眼凹陷，都是常常发生的事。

左上：东亚异痣蟌腹部扭
　　　曲仍在捕食
左下：方氏赤蜻单翅折断

中上：吉林棘尾春蜓复眼凹陷
中下：条斑赤蜻3翅折断

右上：大黄赤蜻腹部扭曲
右下：大黄赤蜻（雄性）
　　　单翅折断

左上：白尾灰蜻面门凹陷
左下：矛斑蟌（雌性）腹
　　　下有寄生虫

中上：扁腹赤蜻（雌性）胸下有
　　　寄生虫
中下：矛斑蟌（雌性）腹部扭曲

右上：矛斑蟌（雌性）胸下
　　　有寄生虫
右下：矛斑蟌（雄性）胸下
　　　有寄生虫

蜻蜓的天敌

蜻蜓虽说是昆虫世界的掠食者，但也有很多天敌，其中最大的天敌是蜘蛛，其次是青蛙。蜻蜓经常需要在野草纵生的地方捕食、降落、求偶、产卵，蜘蛛撒下天罗地网、青蛙以逸待劳守株待兔；大黄蜂也是对付蜻蜓的能手，干掉闪蓝丽大伪蜻不在话下，咬下蜻蜓头、翅、腹，衔着胸部肌肉飞走也是常见；食虫虻、繁殖期的鸟类也经常捕食蜻蜓。

各种蜘蛛布下天罗地网

青蛙虎视眈眈

鸟妈妈捕食各种昆虫

混合蜓落网死于非命

蛛网恢恢疏而不漏，可怜的竖眉赤蜻无论单双一并被笑纳

蜘蛛开始享用混合蜓带来的盛宴，饱餐一顿

蜘蛛撒下天罗地网专捉飞来将，蜻蜓也是它们的美味佳肴，一旦被网缠住就性命难保；青蛙躲在草丛中虎视眈眈恭候前来捕食、寻偶、产卵的蜻蜓；鸟儿们捕食蜻蜓业务娴熟，常常都是突然袭击，偶尔守枝待蜓不劳而获；螳螂也是蜻蜓的劲敌，常常攀附在树枝上捕食前来降落休息的蜻蜓。

小斑蜻刚刚落网还在挣扎，蜘蛛就立刻出动

长叶异痣螅刚刚落网还在挣扎，蜘蛛立刻闪现吐丝围剿，一起落网就双杀，来者不拒

上：落网蜻蜓拼命挣扎，蜘蛛继续吐丝缠绕
下：白尾灰蜻上了断头台

蜂虎专门捕食蜻蜓（付斌 拍摄）

这只高翔莽蜻倒霉了（付斌 拍摄）

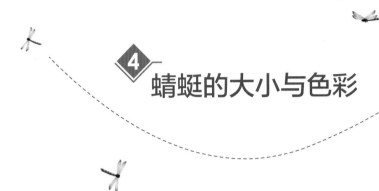

4 蜻蜓的大小与色彩

中国蜻蜓之最

　　圆臀大蜓属 *Anotogaster* Selys, 1854，有十余个种，最小的也超过 80 毫米，最大的金斑圆臀大蜓身长接近 120 毫米，是中国最大的蜻蜓。不同种类的圆臀大蜓外观、色彩、斑纹虽有差异，但都十分接近，较难区别。它们的生活习性也都比较接近，常常在茂密山林、沟壑活动或在大山里的林荫道往来穿梭，在眼前掠过时就像一架小型直升机。值得一提的是，雌性圆臀大蜓最具特色的产卵管长而尖，超出第 10 腹节很多，产卵时频繁上下点水直插到水下沙土中，插秧式单独点水产卵。

圆臀大蜓（雄性）　　　圆臀大蜓（雌性）　　　金斑圆臀大蜓（雌性）*Anotogaster klossi* Fraser, 1919（张浩森 拍摄）

蝴蝶裂唇蜓，学名 *Chlorogomphus (Aurorachlorus) papilio* Ris, 1927，身长约 85 毫米，翼展最长可超过 150 毫米，是中国翼展最宽大的蜻蜓。它们多数分布在长江以南地区，停歇在溪流附近的高山密林深处，喜欢沿着溪流巡飞寻找配偶，雌性插秧式单独点水产卵。

蝴蝶裂唇蜓（左：雄性，右：雌性）

闪蓝丽大伪蜻，学名 *Epophthalmia elegans* (Brauer, 1865) ，身长约 83 毫米，是中国蜻总科中最大的，该种的外观特别像蜓。在较宽阔的静小水域岸边，也都能见到它们巡飞的身影。

闪蓝丽大伪蜻（左：雄性，右：雌性）

赤基色螅，学名 *Archineura incarnata* (Karsch, 1891)，身长 85 ～ 90 毫米，是中国最大的豆娘之一（南美巴西有一种豆娘身长 180 毫米，比它还要长一倍），喜欢在山涧溪流附近飞来飞去，经常降落在露出溪流的岩石上。小孩子们叫豆娘为"线蚂螂"，以为它们都是又细又小。赤基色螅则人高马大，体长竟能高达约 90 毫米（最小的豆娘身长才 20 毫米），比碧伟蜓还要长 15 毫米，从眼前飞过会吓人一跳。赤基色螅雄性的翅基部粉红色，飞起来速度稍慢，十分优美，犹如翩翩起舞的大蝴蝶，更似仙女下凡；雌性的翅淡褐色透明，其他特征与雄性近似。

大溪螅，学名 *Philoganga vetusta* Ris, 1912，身长接近 70 毫米，相比前者差距不小，但其粗壮度要远超前者。

赤基色蟌（上：雄性，下：雌性）　　　大溪蟌（上：雄性，下：雌性）

修长端曲伪痣蟌虽不是最长
的，但拿到手中足以令人震撼
（张浩淼 拍摄）

蜻蜓小人国

侏红小蜻，学名 *Nannophya pygmaea* Rambur, 1842，身长只有约 18 毫米，是中国乃至全世界最小的蜻蜓。侏红小蜻虽小，但蜻蜓所有的特征一应俱全，它小巧玲珑的身姿十分可爱，遗憾的是栖息地越来越小，仅在广东（惠州南昆山）、珠海和浙江有少量发现。

蜻蜓小人国里还有一些身长不足 30 毫米。如膨腹斑小蜻 *Nannophyopsis clara* (Needham, 1930) 约 23 毫米，六斑曲缘蜻 *Palpopleura sexmaculata* (Fabricius, 1787) 约 24 毫米，锥腹蜻 *Genus Acisoma* Rambur, 1842 等。又如杯斑小蟌 *Agriocnemis femina* (Brauer, 1868)、黄尾小蟌 *Agriocmaea nemis pyg* (Rambur, 1842) 约 20 毫米，白腹小蟌 *Agriocnemis lacteola* Selys, 1877 约 22 毫米，等等。将金斑圆臀大蜓 *Anotogaster klossi* Fraser, 1919（116 毫米）和侏红小蜻（18 毫米）对比，以及将赤基色蟌 *Archineura incarnata* (Karsch, 1891)（90 毫米）和杯斑小蟌（20 毫米）对比，那种感觉令人非常震撼。

侏红小蜻（雄性）（张浩淼 拍摄）　　侏红小蜻（雌性）（温雨川 拍摄）

这些小螅身体短而纤细，在草丛中很难被发现。

白腹小螅（左：雄性，右：雌性）

杯斑小螅（左：雌性，右：雄性），雌性有多种颜色变化

黄尾小螅（左：雌性，右：雄性）

这些小家伙从眼前飞过，很容易被误认为是大蜜蜂。

膨腹斑小蜻（雄性）　　　　　　　　六斑曲缘蜻（雄性）

宽翅方蜻

美国的小蜻看似很小，但比朱红小蜻还是要大一些

蜻蜓色彩

　　蜻蜓色彩斑斓，赤橙黄绿青蓝紫，颜色应有尽有，但全身一样颜色的蜻蜓倒是少见。

　　事实上，某一种蜻蜓的色彩很难用语言概括描述，只有原生态彩色照片才能淋漓尽致地展现多彩的蜻蜓个体本身。很多不同种属的蜻蜓有时很难分辨，不经意会以为都一样，仔细观察才能发现点滴不同。

　　红色型蜻蜓所占比重是最大的，基本上都是蜻科的。

红色型

红蜻古北亚种全身通红，腿都是红的

红胭蜻也一样，但足是黑色的

长尾红蜻

红蜻指名亚种

这4种蜻蜓放在一起极难分辨，简单来说，红胭蜻的足是黑色的，腹部背板没有黑线；红蜻古北亚种腹部背板黑线时有时无，复眼边没有灰色；区分长尾红蜻和红蜻指名亚种就要根据生殖器生理结构来判定了。

　　我们把红色的归到一起，但它们都不是纯粹的红色（翅不是红色），也就是说，清一色的蜻蜓是很少见的。赤蜻属的雄性多半腹部是红的，它们之间较难分辨，要根据翅脉斑纹色彩、面部表情、胸腹的黑斑条纹等鉴定种类。事实上，很多红腹蜻蜓之间的区别非常微小，难以辨别。

大赤蜻，全身红色

李氏赤蜻，合胸褐黄色

黄斑赤蜻，腹部两侧下方具黑斑

方氏赤蜻，复眼下方灰色

左上：半黄赤蜻，全身橘红色

左下：褐带赤蜻，翅中间具大
　　　块褐斑

中上：大黄赤蜻，全身褐色或褐红色

中下：竖眉赤蜻，面具眼斑，肛附器
　　　红色下弯上翘

右上：黄基赤蜻，胸部
　　　黑条斑显著

右下：长尾赤蜻，面白，
　　　腹第 7 节末侧宽

普赤蜻，翅透明，复眼暗，色差不明显　　　秋赤蜻，合胸半黑斑显著

上：扁腹赤蜻，合胸黑斑不明显

下：条斑赤蜻，复眼上褐下绿，翅脉染黄

　　赤蜻未熟时都是清一色黄色，雄性渐渐成熟时腹部变成橙色，然后全部变红；雌性成熟后多数是黄色，有的橙红色，有的褐色，等等，但身体都有黑斑或黑条纹。

网脉蜻有几种颜色变化（台湾称之为善变蜻蜓），有全身和翅都是红的，也有红里透着橙色或褐色的，但翅端透明

高翔茶蜻，落树尖，腹中间具黑条斑   亚洲巨蜻，体型大，翅多半褐红色

森林巨蜻，独具   红腹爪蜻，独具特色，少见   华丽灰蜻，面暗红色
特色，罕见

赤褐灰蜻，合胸复眼暗黑

海神斜痣蜻，翅基褐斑小块

华斜痣蜻，翅基褐斑大块

晓褐灰蜻翅脉染橙红，腹粉红色

上：赤斑曲勾脉蜻，雌雄同色
下：云斑蜻，后翅中具褐斑和白云斑

黄色型

大黄赤蜻，雄性未熟，全身金黄色

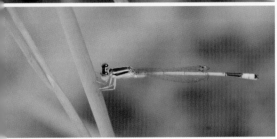
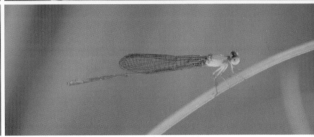

左上：短尾黄螅，腹黄色，末第
　　　7—10节背板具黑斑
左下：黄腹异痣螅，腹中黄色，第
　　　7节半黑，第8—9节蓝环

右上：长尾黄螅，腹黄色，末全黑斑
右下：翠胸黄螅，腹橘黄色

绿色型

暗色蛇纹春蜓，绿色具黑斑　　　　美国绿蜻，绿色具黑斑

左上：碧伟蜓东亚亚种，俗称大绿豆，色彩斑斓　　右上：碧伟蜓指名亚种，体型小色彩单调

左下：华艳色蟌，绿色，后翅墨绿色　　　　　　　右下：透顶单脉色蟌，绿色，翅蓝黑色

黑色型

黑赤蜻　　　　　　黑暗色蟌，雌性全黑色，短粗　　乌微桥原蟌，黑色，翅透明，细长

总之，蜻蜓的色彩有时很难描述。雄性一般都色彩艳丽，相比，雌性的色彩就要逊色不少。但雌性常具多色型，很多种类的雌性与雄性的颜色不同，但同时又具有与雄性一样的色型。例如：混合蜓、红蜻、异色多纹蜻、李氏赤蜻、竖眉赤蜻等，雌性都是双色型。赤蜻，顾名思义本应该都是红色的，但其中就有黑色或蓝色的。长叶异痣蟌的雌性色彩多变，雌性腹末端也有像雄性一样的戒指环圈，成熟度不同色彩会有很大变化，即使是同一蓝色型之间，色彩也不

黄狭扇蟌，未熟雌性，腹白色具黑斑

蓝赤蜻（温雨川 拍摄）

赵氏圣鼻蟌，蓝色具黑斑

完全一样，雄性则只有 1 种颜色。雄性要找到多色型同类的雌性是件麻烦事（与自己长相一样倒是好办）；相反，多色型雌性寻找单一色型的雄性就会简单得多。野外观察，大多数雄性是在固定明显地点降落或飞来飞去等待，雌性则是直接寻找目标。

混合蜓，蓝色具黑斑　　　庆褐蜻，蓝紫色　　　曜丽翅蜻，蓝紫色

上：长叶异痣蟌（左：雄性，右：雌性橙色型）
中：长叶异痣蟌（左：雌性黄色型，右：雌性绿色型）
下：长叶异痣蟌（左：雌性蓝色型，右：雌性紫色型）

最新发现待定黑山螅

目前，**黑山螅属**（Genus *Philosina*，1917）在全世界仅有两种，覆雪黑山螅和红尾黑山螅，前者有少量分布在广东、海南；后者分布在四川、贵州、福建、广东、广西。2021 年 5 月 30 日，我在江西上绕的深山溪流发现第三种待定种 *Philosina* sp.。该种身体粗壮修长，约 60 mm，最显著的特征是雄性第 7 腹节黑色黑斑两侧多具红线斑，翅端具显著圆黑斑。

该种栖息于人迹罕至的深山密林深处的溪流，两侧树木、植被繁茂。成熟雄性求偶更喜欢在雌性产卵地附近的显眼枝条上蹲守，二雄相遇时常会温和斗架，以肢体不接触方式驱离对方，甚至斗到高空，胜者返回原地继续守候。交尾后雌性在长有青苔的硬质泥土河岸产卵，雄性在一旁枝条上护卫，禁止其他雄性靠近。

第 7 腹节具黑斑

第 7 腹节黑斑两侧具红线斑

大多数第 7 腹节黑斑两侧具红线斑，且红线斑粗细长短不一

蜻 蜓 与 豆 娘

二雄性相斗争夺领地

交尾后雌雄分开，雄性在一旁护卫

在枝条上见习产卵

来到产卵地

雌性开始在长有青苔的硬质泥土河岸产卵

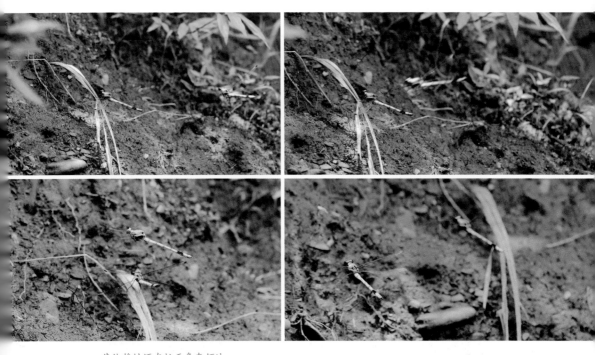

其他雄性还在忙于争夺领地

争夺交配权是成熟雄性永恒的主题

待定黑山螅栖息的水域

　　对业余蜻蜓爱好者来说，发现并记录一个新物种实属不易，对专业人士来说，这也是梦寐以求的。我国地大物博，在难以踏足的深山密林深处，一定还蕴藏着更多不为人知的各种动物秘密，待有识之士去探索发现。

后记

　　笔者从小喜欢蜻蜓，对蜻蜓一直情有独钟，几十年如一日，如今更加痴迷。拍摄蜻蜓纯属业余爱好，与自己从事的教师职业毫不相干。希望本书能奉献给酷爱动物世界的朋友们以及蜻蜓业余爱好者，使人们对这个古老美丽的物种有进一步了解。

　　蜻蜓之美超乎人们的想象，遗憾的是，多数种类以及它们的生活片段未曾与大众谋面，本书将会部分展现给读者。笔者身居北方，书中所描述的蜻蜓大部分是北方物种，对南方蜻蜓只是走马观花略知一二，可以说对中国蜻蜓的了解还是微乎其微。其实，我们绝大多数人对蜻蜓都不甚了解，只知道那是只蚂螂、蜻蜓或豆娘，可只知其一不知其二又怎么能够喜欢、爱得起来呢，所以如果没有多少人喜欢蜻蜓，这也是可以理解的。

　　相信随着《蜻蜓和豆娘》的问世，会对一些朋友产生影响，使其回忆起儿时捕捉蜻蜓玩耍的快乐往事；让青少年产生浓厚兴趣，希望有越来越多的人喜欢上蜻蜓，更加珍惜美丽的大自然给予我们的恩赐。

　　图片拍了十几万张，分门别类就成了大问题，在此要特别向蜻蜓专家宋睿斌先生、宋黎明先生，蜻蜓大师张浩淼先生，以及于昕教授的指导和帮助深表谢意；由衷感谢萧昀先生悉心审订。此外，书中多数蜻蜓没有标注拉丁学名，若有需要请按中文名查阅张浩淼先生所著《中国蜻蜓大图鉴》索引对照。

　　作为一名蜻蜓业余爱好者，见到、拍摄到的都是表面现象，因受有关详细的蜻蜓专业知识和拍摄水平所限，书中难免会有谬误，敬请专家批评指正。

金洪光

2021 年 6 月